Konrad Reif

Herausgeber

Basiswissen Ottomotor

Springer Vieweg

Herausgeber
Prof. Dr.-Ing. Konrad Reif
Duale Hochschule Baden-Württemberg
Ravensburg, Campus Friedrichshafen
Friedrichshafen, Deutschland
editor@reif.re

Grundlagen Kraftfahrzeugtechnik lernen

ISBN 978-3-658-18088-1

Die Deutsche Nationalbibliothek verzeichnet diese Publikation in der Deutschen Nationalbibliographie; detaillierte bibliographische Daten sind im Internet über http://dnb.d-nb.de abrufbar.

Springer Vieweg
© Springer Fachmedien Wiesbaden GmbH 2018

Springer Vieweg ist Teil von Springer Nature
Die eingetragene Gesellschaft ist Springer Fachmedien Wiesbaden GmbH
Die Anschrift der Gesellschaft ist: Abraham-Lincoln-Str. 46, 65189 Wiesbaden, Germany

Vorwort

Die beständige, jahrzehntelange Vorwärtsentwicklung der Fahrzeugtechnik zwingt den Fachmann dazu, mit dieser Entwicklung Schritt zu halten. Dies gilt nicht nur für junge Leute in der Ausbildung und die Ausbilder selbst, sondern auch für jeden, der schon länger auf dem Gebiet der Fahrzeugtechnik und -elektronik arbeitet. Dabei nimmt neben den klassischen Gebieten Fahrzeug- und Motorentechnik die Elektronik eine immer wichtigere Rolle ein. Die Aus- und Weiterbildungsangebote müssen dem Rechnung tragen, genauso wie die Studienangebote.

Der Fachlehrgang „Grundlagen Kraftfahrzeugtechnik lernen" nimmt auf diesen Bedarf Bezug und bietet mit zehn Einzelthemen einen leichten Einstieg in das wichtige und umfangreiche Gebiet der Kraftfahrzeugtechnik. Eine fachlich fundierte und anwendungsorientierte Darstellung garantiert eine direkte Verwertbarkeit des Fachlehrgangs in der Praxis. Die leichte Verständlichkeit machen diesen für das Selbststudium besonders geeignet.

Der hier vorliegende Teil des Fachlehrgangs mit dem Titel „Basiswissen Ottomotor" behandelt die Grundlagen von Ottomotoren in einer kompakten und übersichtlichen Form. Dabei wird auf die grundsätzliche Funktion des Motors, die Füllungssteuerung und vor allem auf die Einspritzung und die Zündung eingegangen. Außerdem werden Startanlagen behandelt. Dieses Heft ist eine Auskopplung aus dem gebundenen Buch „Ottomotor-Management" aus der Reihe Bosch Fachinformation Automobil und entspricht bis auf die Startanlagen dem Band „Ottomotor-Management kompakt" aus dem Fachlehrgang „Motorsteuerung lernen".

Friedrichshafen, im Oktober 2017   Konrad Reif

Inhaltsverzeichnis

Grundlagen des Ottomotors

Arbeitsweise ... 4
Zylinderfüllung ... 9
Verbrennung ... 17
Drehmoment, Leistung und Verbrauch ... 21

Kraftstoffversorgung

Überblick ... 26
Ottokraftstoffe ... 32

Füllungssteuerung

Elektronische Motorleistungssteuerung ... 42
Dynamische Aufladung ... 45
Aufladung ... 48
Abgasrückführung ... 58

Einspritzung

Saugrohreinspritzung ... 61
Benzin-Direkteinspritzung ... 72

Zündung

Magnetzündung ... 84
Batteriezündung ... 84
Induktive Zündanlage ... 86

Startanlagen

Übersicht ... 92
Starter ... 92
Weitere Startertypen ... 102
Startanlagen ... 106
Auslegung ... 111
Startertypen im Überblick ... 114

Verständnisfragen ... 116
Abkürzungsverzeichnis ... 117

Herausgeber

Prof. Dr.-Ing. Konrad Reif

Autoren

Dr.-Ing. David Lejsek,
Dr.-Ing. Andreas Kufferath,
Dr.-Ing. André Kulzer,
    Dr. Ing. h.c. F. Porsche AG,
Prof. Dr.-Ing. Konrad Reif,
    Duale Hochschule Baden-Württemberg.
(Grundlagen des Ottomotors)

Dipl.-Ing. Andreas Posselt,
Dr.-Ing. Jens Wolber,
Ing.-grad. Peter Schelhas,
Dipl.-Ing. Manfred Franz,
Dipl.-Ing. (FH) Horst Kirschner,
Dipl.-Ing. Andreas Pape,
Dr. rer. nat. Winfried Langer,
Dipl.-Ing. Peter Kolb,
Dr. rer. nat. Jörg Ullmann,
Günther Straub,
Prof. Dr.-Ing. Konrad Reif,
    Duale Hochschule Baden-Württemberg.
(Kraftstoffversorgung)

Dr.-Ing. Martin Brandt,
Dr.-Ing. Alex Grossmann,
Dipl.-Ing. Markus Deissler,
Prof. Dr. Kurt Kirsten,
Dipl.-Ing. Michael Bäuerle,
Dipl.-Ing. Martin Rauscher,
Dr.-Ing. Jochen Müller, Bosch Mahle Turbo
    Systems GmbH & Co. KG,
Dr.-Ing. Wolfgang Samenfink,
Prof. Dr.-Ing. Konrad Reif,
    Duale Hochschule Baden-Württemberg.
(Füllungssteuerung)

Dipl.-Ing. Andreas Posselt,
Dipl.-Ing. Markus Gesk,
Dipl.-Ing. Anja Melsheimer,
Dipl.-Ing. (BA) Ferdinand Reiter,
Dipl.-Ing. (FH) Klaus Joos,

Dipl.-Ing. Peter Schenk,
Dr.-Ing. Andreas Kufferath,
Dr.-Ing. Wolfgang Samenfink,
Dipl.-Ing. Andreas Glaser,
Dr.-Ing. Tilo Landenfeld,
Dipl.-Ing. Uwe Müller,
Prof. Dr.-Ing. Konrad Reif,
    Duale Hochschule Baden-Württemberg.
(Einspritzung)

Dipl.-Ing. Roman Pirsch,
Dipl.-Ing. Hartmut Wanner.
(Startanlagen)

Soweit nicht anders angegeben,
handelt es sich um Mitarbeiter der
Robert Bosch GmbH.

Grundlagen des Ottomotors

Der Ottomotor ist eine Verbrennungskraftmaschine mit Fremdzündung, die ein Luft-Kraftstoff-Gemisch verbrennt und damit die im Kraftstoff gebundene chemische Energie freisetzt und in mechanische Arbeit umwandelt. Hierbei wurde in der Vergangenheit das brennfähige Arbeitsgemisch durch einen Vergaser im Saugrohr gebildet. Die Emissionsgesetzgebung bewirkte die Entwicklung der Saugrohreinspritzung (SRE), welche die Gemischbildung übernahm. Weitere Steigerungen von Wirkungsgrad und Leistung erfolgten durch die Einführung der Benzin-Direkteinspritzung (BDE). Bei dieser Technologie wird der Kraftstoff zum richtigen Zeitpunkt in den Zylinder eingespritzt, sodass die Gemischbildung im Brennraum erfolgt.

Arbeitsweise

Im Arbeitszylinder eines Ottomotors wird periodisch Luft oder Luft-Kraftstoff-Gemisch angesaugt und verdichtet. Anschließend wird die Entzündung und Verbrennung des Gemisches eingeleitet, um durch die Expansion des Arbeitsmediums (bei einer Kolbenmaschine) den Kolben zu bewegen. Aufgrund der periodischen, linearen Kolbenbewegung stellt der Ottomotor einen Hubkolbenmotor dar. Das Pleuel setzt dabei die Hubbewegung des Kolbens in eine Rotationsbewegung der Kurbelwelle um (Bild 1).

Viertakt-Verfahren

Die meisten in Kraftfahrzeugen eingesetzten Verbrennungsmotoren arbeiten nach dem Viertakt-Prinzip (Bild 1). Bei diesem Verfahren steuern Gaswechselventile den Ladungswechsel. Sie öffnen und schließen die Ein- und Auslasskanäle des Zylinders und steuern so die Zufuhr von Frischluft oder -gemisch und das Ausstoßen der Abgase.

Das verbrennungsmotorische Arbeitsspiel stellt sich aus dem Ladungswechsel (Ausschiebetakt und Ansaugtakt), Verdichtung,

1 Das Arbeitsspiel des Viertakt-Ottomotors (am Beispiel eines Motors mit Saugrohreinspritzung und getrennter Ein- und Auslassnockenwelle)

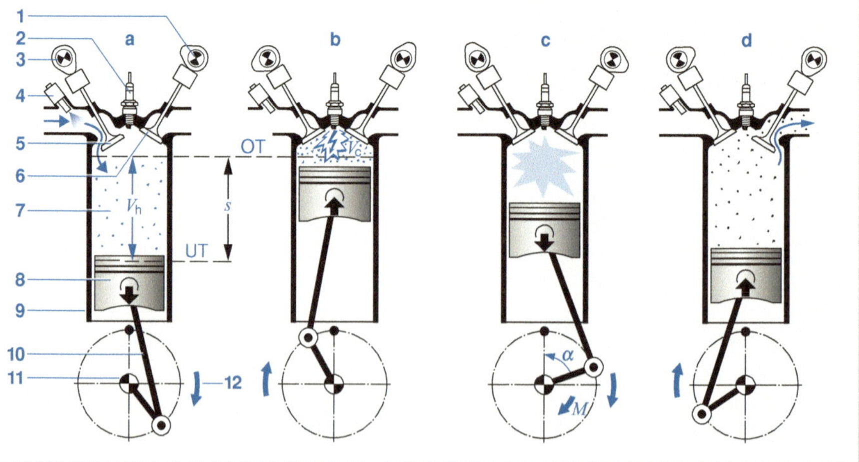

Bild 1
- a Ansaugtakt
- b Verdichtungstakt
- c Arbeitstakt
- d Ausstoßtakt

- 1 Auslassnockenwelle
- 2 Zündkerze
- 3 Einlassnockenwelle
- 4 Einspritzventil
- 5 Einlassventil
- 6 Auslassventil
- 7 Brennraum
- 8 Kolben
- 9 Zylinder
- 10 Pleuelstange
- 11 Kurbelwelle
- 12 Drehrichtung
- M Drehmoment
- α Kurbelwinkel
- s Kolbenhub
- V_h Hubvolumen
- V_c Kompressionsvolumen

Verbrennung und Expansion zusammen. Nach der Expansion im Arbeitstakt öffnen die Auslassventile kurz vor Erreichen des unteren Totpunkts, um die unter Druck stehenden heißen Abgase aus dem Zylinder strömen zu lassen. Der sich nach dem Durchschreiten des unteren Totpunkts aufwärts zum oberen Totpunkt bewegende Kolben stößt die restlichen Abgase aus.

Danach bewegt sich der Kolben vom oberen Totpunkt (OT) abwärts in Richtung unteren Totpunkt (UT). Dadurch strömt Luft (bei der Benzin-Direkteinspritzung) bzw. Luft-Kraftstoffgemisch (bei Saugrohreinspritzung) über die geöffneten Einlassventile in den Brennraum. Über eine externe Abgasrückführung kann der im Saugrohr befindlichen Luft ein Anteil an Abgas zugemischt werden. Das Ansaugen der Frischladung wird maßgeblich von der Gestalt der Ventilhubkurven der Gaswechselventile, der Phasenstellung der Nockenwellen und dem Saugrohrdruck bestimmt.

Nach Schließen der Einlassventile wird die Verdichtung eingeleitet. Der Kolben bewegt sich in Richtung des oberen Totpunkts (OT) und reduziert somit das Brennraumvolumen. Bei homogener Betriebsart befindet sich das Luft-Kraftstoff-Gemisch bereits zum Ende des Ansaugtaktes im Brennraum und wird verdichtet. Bei der geschichteten Betriebsart, nur möglich bei Benzin-Direkteinspritzung, wird erst gegen Ende des Verdichtungstaktes der Kraftstoff eingespritzt und somit lediglich die Frischladung (Luft und Restgas) komprimiert. Bereits vor Erreichen des oberen Totpunkts leitet die Zündkerze zu einem gegebenen Zeitpunkt (durch Fremdzündung) die Verbrennung ein. Um den höchstmöglichen Wirkungsgrad zu erreichen, sollte die Verbrennung kurz nach dem oberen Totpunkt abgelaufen sein. Die im Kraftstoff chemisch gebundene Energie wird durch die Verbrennung freigesetzt und

erhöht den Druck und die Temperatur der Brennraumladung, was den Kolben abwärts treibt. Nach zwei Kurbelwellenumdrehungen beginnt ein neues Arbeitsspiel.

Arbeitsprozess: Ladungswechsel und Verbrennung

Der Ladungswechsel wird üblicherweise durch Nockenwellen gesteuert, welche die Ein- und Auslassventile öffnen und schließen. Dabei werden bei der Auslegung der Steuerzeiten (Bild 2) die Druckschwingungen in den Saugkanälen zum besseren Füllen und Entleeren des Brennraums berücksichtigt. Die Kurbelwelle treibt die Nockenwelle über einen Zahnriemen, eine Kette oder Zahnräder an. Da ein durch die Nockenwellen zu steuerndes Viertakt-Arbeitsspiel zwei Kurbelwellenumdrehungen andauert, dreht sich die Nockenwelle nur halb so schnell wie die Kurbelwelle.

Ein wichtiger Auslegungsparameter für den Hochdruckprozess und die Verbrennung beim Ottomotor ist das Verdichtungsverhältnis ε, welches durch das Hubvolumen V_h und Kompressionsvolumen V_c folgendermaßen definiert ist:

$$\varepsilon = \frac{V_\mathrm{h} + V_\mathrm{c}}{V_\mathrm{c}}. \tag{1}$$

Dieses hat einen entscheidenden Einfluss auf den idealen thermischen Wirkungsgrad η_th, da für diesen gilt:

$$\eta_\mathrm{th} = 1 - \frac{1}{\varepsilon^{\kappa-1}}, \tag{2}$$

wobei κ der Adiabatenexponent ist [4]. Des Weiteren hat das Verdichtungsverhältnis Einfluss auf das maximale Drehmoment, die maximale Leistung, die Klopfneigung und die Schadstoffemissionen. Typische Werte beim Ottomotor in Abhängigkeit der Füllungssteuerung (Saugmotor, aufgeladener Motor) und der Einspritzart (Saugrohreinspritzung, Direkteinspritzung) liegen bei ca. 8 bis 13. Beim Dieselmotor liegen die Werte zwischen 14 und 22. Das Hauptsteuerelement der Verbrennung ist das Zündsignal, welches elektronisch in Abhängigkeit vom Betriebspunkt gesteuert werden kann.

Unterschiedliche Brennverfahren können auf Basis des ottomotorischen Prinzips dargestellt werden. Bei der Fremdzündung sind homogene Brennverfahren mit oder ohne Variabilitäten im Ventiltrieb (von Phase und Hub) möglich. Mit variablem Ventiltrieb wird eine Reduktion von Ladungswechselverlusten und Vorteile im Verdichtungs- und Arbeitstakt erzielt. Dies erfolgt durch erhöhte Verdünnung der Zylinderladung mit Abgas, welches mittels interner (oder auch externer) Rückführung in die Brennkammer gelangt. Diese Vorteile werden noch weiter durch das geschichtete Brennverfahren ausgenutzt. Ähnliche Potentiale kann die so genannte homogene Selbstzündung beim Ottomotor erreichen, aber mit erhöhtem

Regelungsaufwand, da die Verbrennung durch reaktionskinetisch relevante Bedingungen (thermischer Zustand, Zusammensetzung) und nicht durch einen direkt steuerbaren Zündfunken initiiert wird. Hierfür werden Steuerelemente wie die Ventilsteuerung und die Benzin-Direkteinspritzung herangezogen.

Darüber hinaus werden Ottomotoren je nach Zufuhr der Frischladung in Saugmotoren- und aufgeladene Motoren unterschieden. Bei letzteren wird die maximale Luftdichte, welche zur Erreichung des maximalen Drehmomentes benötigt wird, z. B. durch eine Strömungsmaschine erhöht.

Luftverhältnis und Abgasemissionen

Setzt man die pro Arbeitsspiel angesaugte Luftmenge m_L ins Verhältnis zur pro Arbeitsspiel eingespritzten Kraftstoffmasse m_K, so erhält man mit m_L/m_K eine Größe zur Unterscheidung von Luftüberschuss (großes m_L/m_K) und Luftmangel (kleines m_L/m_K). Der genau passende Wert von m_L/m_K für eine stöchiometrische Verbrennung hängt jedoch vom verwendeten Kraftstoff ab. Um eine kraftstoffunabhängige Größe zu erhalten, berechnet man das Luftverhältnis λ als Quotient aus der aktuellen pro Arbeitsspiel angesaugten Luftmasse m_L und der für eine stöchiometrische Verbrennung des Kraftstoffs erforderliche Luftmasse m_{Ls}, also

$$\lambda = \frac{m_L}{m_{Ls}}. \tag{3}$$

Für eine sichere Entflammung homogener Gemische muss das Luftverhältnis in engen Grenzen eingehalten werden. Des Weiteren nimmt die Flammengeschwindigkeit stark mit dem Luftverhältnis ab, so dass Ottomotoren mit homogener Gemischbildung nur in einem Bereich von $0{,}8 < \lambda < 1{,}4$ betrieben werden können, wobei der beste Wirkungs-

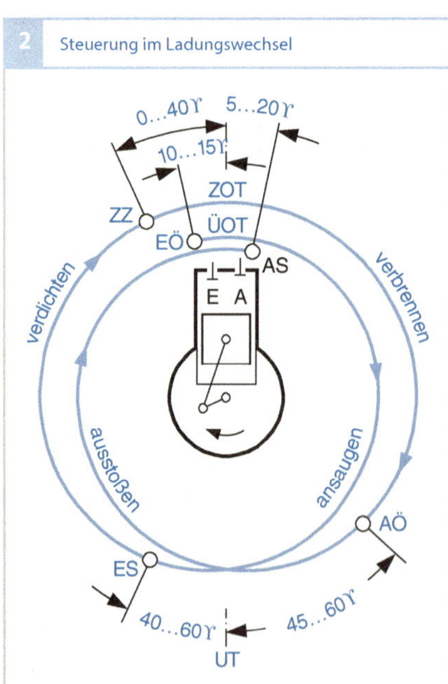

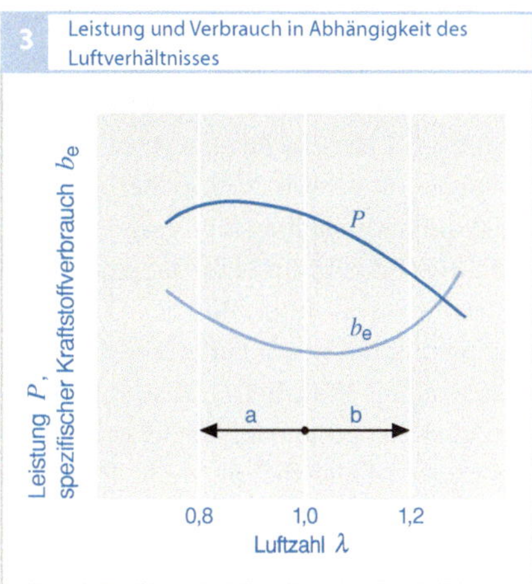

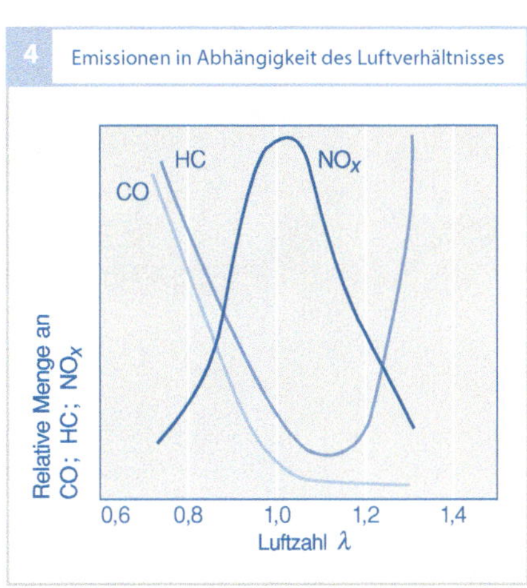

Bild 3
a fettes Gemisch (Luftmangel)
b mageres Gemisch (Luftüberschuss)

grad im homogen mageren Bereich liegt ($1,3 < \lambda < 1,4$). Für das Erreichen der maximalen Last liegt andererseits das Luftverhältnis im fetten Bereich ($0,9 < \lambda < 0,95$), welches die beste Homogenisierung und Sauerstoffoxidation erlaubt, und dadurch die schnellste Verbrennung ermöglicht (Bild 3).

Wird der Emissionsausstoß in Abhängigkeit des Luft-Kraftstoff-Verhältnisses betrachtet (Bild 4), so ist erkennbar, dass im fetten Bereich hohe Rückstände an HC und CO verbleiben. Im mageren Bereich sind HC-Rückstände aus der langsameren Verbrennung und der erhöhten Verdünnung erkennbar, sowie ein hoher NO_x-Anteil, der sein Maximum bei $1 < \lambda < 1,05$ erreicht. Zur Erfüllung der Emissionsgesetzgebung beim Ottomotor wird ein Dreiwegekatalysator eingesetzt, welcher die HC- und CO-Emissionen oxidiert und die NO_x-Emissionen reduziert. Hierfür ist ein Luft-Kraftstoff-Verhältnis von $\lambda \approx 1$ notwendig, das durch eine entsprechende Gemischregelung eingestellt wird.

Weitere Vorteile können aus dem Hochdruckprozess im mageren Bereich ($\lambda > 1$) nur mit einem geschichteten Brennverfahren gewonnen werden. Hierbei werden weiterhin HC- und CO-Emissionen im Dreiwegekatalysator oxidiert. Die NO_x-Emissionen

müssen über einen gesonderten NO_x-Speicherkatalysator gespeichert und nachträglich durch Fett-Phasen reduziert oder über einen kontinuierlich reduzierenden Katalysator mittels zusätzlichem Reduktionsmittel (durch selektive katalytische Reduktion) konvertiert werden.

Gemischbildung

Ein Ottomotor kann eine äußere (mit Saugrohreinspritzung) oder eine innere Gemischbildung (mit Direkteinspritzung) aufweisen (Bild 5). Bei Motoren mit Saugrohreinspritzung liegt das Luft-Kraftstoff-Gemisch im gesamten Brennraum homogen verteilt mit dem gleichen Luftverhältnis λ vor (Bild 5a). Dabei erfolgt üblicherweise die Einspritzung ins Saugrohr oder in den Einlasskanal schon vor dem Öffnen der Einlassventile.

Neben der Gemischhomogenisierung muss das Gemischbildungssystem geringe Abweichungen von Zylinder zu Zylinder sowie von Arbeitsspiel zu Arbeitsspiel garantieren. Bei Motoren mit Direkteinspritzung sind sowohl eine homogene als auch eine heterogene Betriebsart möglich. Beim homogenen Betrieb wird eine saughubsynchrone Einspritzung durchgeführt, um eine

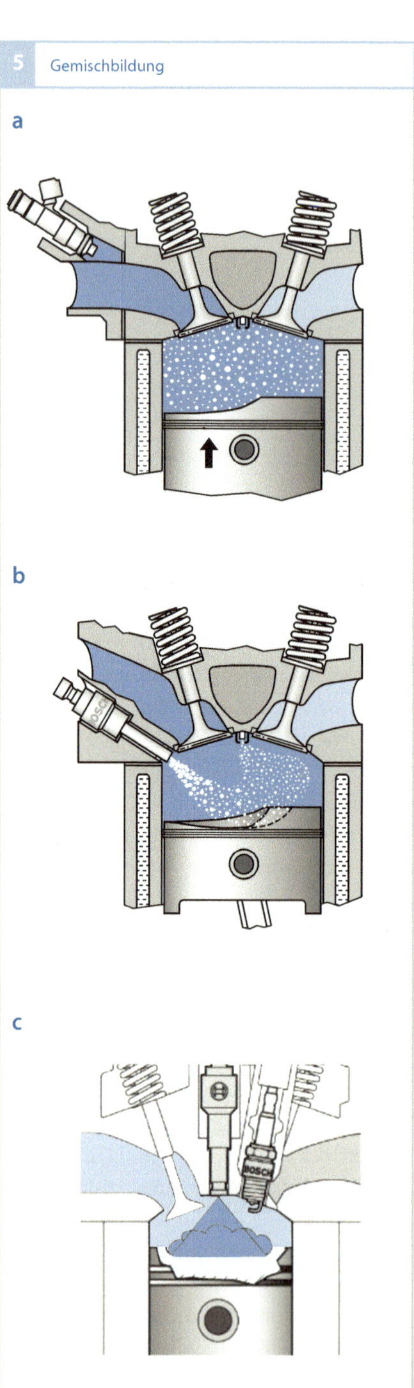

5 Gemischbildung

a

b

c

Bild 5
a   homogene Gemisch-
    verteilung (mit
    Saugrohreinsprit-
    zung)
b   Schichtladung,
    wand- und luftge-
    führtes Brenn-
    verfahren
c   Schichtladung,
    strahlgeführtes
    Brennverfahren

Die homogene
Gemischverteilung
kann sowohl mit der
Saugrohreinspritzung
(Bildteil a) als auch mit
der Direkteinspritzung
(Bildteil c) realisiert
werden.

möglichst schnelle Homogenisierung zu erreichen. Beim heterogenen Schichtbetrieb
befindet sich eine brennfähige Gemischwol-
ke mit $\lambda \approx 1$ als Schichtladung zum Zündzeitpunkt im Bereich der Zündkerze. Bild 5
zeigt die Schichtladung für wand- und luftgeführte (Bild 5b) sowie für das strahlgeführte Brennverfahren (Bild 5c). Der restli-
che Brennraum ist mit Luft oder einem sehr
mageren Luft-Kraftstoff-Gemisch gefüllt,
was über den gesamten Zylinder gemittelt
ein mageres Luftverhältnis ergibt. Der Ottomotor kann dann ungedrosselt betrieben
werden. Infolge der Innenkühlung durch die
direkte Einspritzung können solche Motoren
höher verdichten. Die Entdrosselung und
das höhere Verdichtungsverhältnis führen zu
höheren Wirkungsgraden.

Zündung und Entflammung
Das Zündsystem einschließlich der Zündkerze entzündet das Gemisch durch eine
Funkenentladung zu einem vorgegebenen
Zeitpunkt. Die Entflammung muss auch bei
instationären Betriebszuständen hinsichtlich
wechselnder Strömungseigenschaften und
lokaler Zusammensetzung gewährleistet
werden. Durch die Anordnung der Zündkerze kann die sichere Entflammung insbesondere bei geschichteter Ladung oder im
mageren Bereich optimiert werden.

Die notwendige Zündenergie ist grundsätzlich vom Luft-Kraftstoff-Verhältnis abhängig. Im stöchiometrischen Bereich wird
die geringste Zündenergie benötigt, dagegen
erfordern fette und magere Gemische eine
deutlich höhere Energie für eine sichere Entflammung. Der sich einstellende Zündspannungsbedarf ist hauptsächlich von der im
Brennraum herrschenden Gasdichte abhängig und steigt nahezu linear mit ihr an. Der
Energieeintrag des durch den Zündfunken
entflammten Gemisches muss ausreichend
groß sein, um die angrenzenden Bereiche

entflammen zu können und somit eine
Flammenausbreitung zu ermöglichen.

Der Zündwinkelbereich liegt in der Teillast bei einem Kurbelwinkel von ca. 50 bis
40 ° vor ZOT (vgl. Bild 2) und bei Saugmotoren in der Volllast bei ca. 20 bis 10 ° vor
ZOT. Bei aufgeladenen Motoren im Volllastbetrieb liegt der Zündwinkel wegen erhöhter
Klopfneigung bei ca. 10 ° vor ZOT bis 10 °
nach ZOT. Üblicherweise werden im Motorsteuergerät die positiven Zündwinkel als
Winkel vor ZOT definiert.

Zylinderfüllung

Eine wichtige Phase des Arbeitspiels wird
von der Verbrennung gebildet. Für den Ver-
brennungsvorgang im Zylinder ist ein Luft-
Kraftstoff-Gemisch erforderlich. Das Gasgemisch, das sich nach dem Schließen der
Einlassventile im Zylinder befindet, wird als
Zylinderfüllung bezeichnet. Sie besteht aus
der zugeführten Frischladung (Luft und gegebenenfalls Kraftstoff) und dem Restgas
(Bild 6).

Bestandteile
Die Frischladung besteht aus Luft, und bei
Ottomotoren mit Saugrohreinspritzung
(SRE) dem dampfförmigen oder flüssigen
Kraftstoff. Bei Ottomotoren mit Benzindi-
rekteinspritzung (BDE) wird der für das Ar-
beitsspiel benötigte Kraftstoff direkt in den
Zylinder eingespritzt, entweder während des
Ansaugtaktes für das homogene Verfahren
oder – bei einer Schichtladung – im Verlauf
der Kompression.

Der wesentliche Anteil an Frischluft wird
über die Drosselklappe angesaugt. Zusätzliches Frischgas kann über das Kraftstoffverdunstungs-Rückhaltesystem angesaugt
werden. Die nach dem Schließen der Einlassventile im Zylinder befindliche Luftmas-

se ist eine entscheidende Größe für die
während der Verbrennung am Kolben verrichtete Arbeit und damit für das vom Motor
abgegebene Drehmoment. Maßnahmen zur
Steigerung des maximalen Drehmomentes
und der maximalen Leistung des Motors
bedingen eine Erhöhung der maximal möglichen Füllung. Die theoretische Maximal-
füllung ist durch den Hubraum, die La-
dungswechselaggregate und ihre Variabilität
begrenzt. Bei aufgeladenen Motoren markiert der erzielbare Ladedruck zusätzlich die
Drehmomentausbeute.

Aufgrund des Totvolumens verbleibt stets
zu einem kleinen Teil Restgas aus dem letzten Arbeitszyklus (internes Restgas) im
Brennraum. Das Restgas besteht aus Inertgas
und bei Verbrennung mit Luftüberschuss
(Magerbetrieb) aus unverbrannter Luft.
Wichtig für die Prozessführung ist der Anteil
des Inertgases am Restgas, da dieses keinen
Sauerstoff mehr enthält und an der Verbrennung des folgenden Arbeitsspiels nicht teilnimmt.

Ladungswechsel
Der Austausch der verbrauchten Zylinderfüllung gegen Frischgas wird Ladungswechsel genannt. Er wird durch das Öffnen und
das Schließen der Einlass- und Auslassventi-

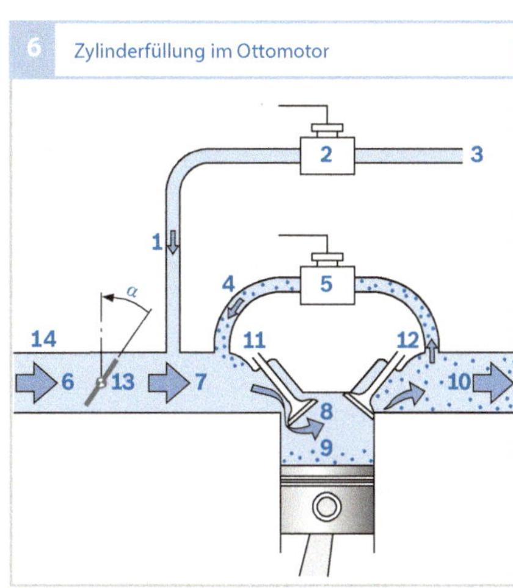

Bild 6
1 Luft- und Kraftstoff-
   dämpfe (aus Kraft-
   stoffverdunstungs-
   Rückhaltesystem)
2 Regenerierventil mit
   variablem Ventilöff-
   nungsquerschnitt
3 Verbindung zum
   Kraftstoffverduns-
   tungs-Rückhaltesys-
   tem
4 rückgeführtes Abgas
5 Abgasrückführventil
   (AGR-Ventil) mit
   variablem Ventilöff-
   nungsquerschnitt
6 Luftmassenstrom
   (mit Umgebungs-
   druck p_U)
7 Luftmassenstrom
   (mit Saugrohrdruck
   p_s)
8 Frischgasfüllung (mit
   Brennraumdruck
   p_B)
9 Restgasfüllung (mit
   Brennraumdruck p_B)
10 Abgas (mit Abgas-
   gegendruck p_A)
11 Einlassventil
12 Auslassventil
13 Drosselklappe
14 Ansaugrohr
α Drosselklappen-
   winkel

le im Zusammenspiel mit der Kolbenbewegung gesteuert. Die Form und die Lage der Nocken auf der Nockenwelle bestimmen den Verlauf der Ventilerhebung und beeinflussen dadurch die Zylinderfüllung. Die Zeitpunkte des Öffnens und des Schließens der Ventile werden Ventil-Steuerzeiten genannt. Die charakteristischen Größen des Ladungswechsels werden durch Auslass-Öffnen (AÖ), Einlass-Öffnen (EÖ), Auslass-Schließen (AS), Einlass-Schließen (ES) sowie durch den maximalen Ventilhub gekennzeichnet. Realisiert werden Ottomotoren sowohl mit festen als auch mit variablem Steuerzeiten und Ventilhüben.

Die Qualität des Ladungswechsels wird mit den Größen Luftaufwand, Liefergrad und Fanggrad beschrieben. Zur Definition dieser Kennzahlen wird die Frischladung herangezogen. Bei Systemen mit Saugrohreinspritzung entspricht diese dem frisch eintretenden Luft-Kraftstoff-Gemisch, bei Ottomotoren mit Benzindirekteinspritzung und Einspritzung in den Verdichtungstakt (nach ES) wird die Frischladung lediglich durch die angesaugte Luftmasse bestimmt. Der Luftaufwand beschreibt die gesamte während des Ladungswechsels durchgesetzte Frischladung bezogen auf die durch das Hubvolumen maximal mögliche Zylinderladung. Im Luftaufwand kann somit zusätzlich jene Masse an Frischladung enthalten sein, welche während einer Ventilüberschneidung direkt in den Abgastrakt überströmt. Der Liefergrad hingegen stellt das Verhältnis der im Zylinder tatsächlich verbliebenen Frischladung nach Einlass-Schließen zur theoretisch maximal möglichen Ladung dar. Der Fangrad, definiert als das Verhältnis von Liefergrad zum Luftaufwand, gibt den Anteil der durchgesetzten Frischladung an, welcher nach Abschluss des Ladungswechsels im Zylinder eingeschlossen wird. Zusätzlich ist als weitere wichtige Grö-

ße für die Beschreibung der Zylinderladung der Restgasanteil als das Verhältnis aus der sich zum Einlassschluss im Zylinder befindlichen Restgasmasse zur gesamt eingeschlossenen Masse an Zylinderladung definiert.

Um im Ladungswechsel das Abgas durch das Frischgas zu ersetzen, ist ein Arbeitsaufwand notwendig. Dieser wird als Ladungswechsel- oder auch Pumpverlust bezeichnet. Die Ladungswechselverluste verbrauchen einen Teil der umgewandelten mechanischen Energie und senken daher den effektiven Wirkungsgrad des Motors. In der Ansaugphase, also während der Abwärtsbewegung des Kolbens, ist im gedrosselten Betrieb der Saugrohrdruck kleiner als der Umgebungsdruck und insbesondere kleiner als der Druck im Kurbelgehäuse (Kolbenrückraum). Zum Ausgleich dieser Druckdifferenz wird Energie benötigt (Drosselverluste). Insbesondere bei hohen Drehzahlen und Lasten (im entdrosselten Betrieb) tritt beim Ausstoßen des verbrannten Gases während der Aufwärtsbewegung des Kolbens ein Staudruck im Brennraum auf, was wiederum zu zusätzlichen Energieverlusten führt, welche Ausschiebeverluste genannt werden.

Steuerung der Luftfüllung

Der Motor saugt die Luft über den Luftfilter und den Ansaugtrakt an (Bilder 7 und 8), wobei die Drosselklappe aufgrund ihrer Verstellbarkeit für eine dosierte Luftzufuhr sorgt und somit das wichtigste Stellglied für den Betrieb des Ottomotors darstellt. Im weiteren Verlauf des Ansaugtraktes erfährt der angesaugte Luftstrom die Beimischung von Kraftstoffdampf aus dem Kraftstoffverdunstungs-Rückhaltesystem sowie von rückgeführtem Abgas (AGR). Mit diesem kann zur Entdrosselung des Arbeitsprozesses – und damit einer Wirkungsgradsteigerung im Teillastbereich – der Anteil des Restgases an der Zylinderfüllung erhöht werden. Die äußere Abgasrückführung führt das ausgestoßene Restgas vom Abgassystem zurück in den Saugkanal. Dabei kann ein zusätzlich installierter AGR-Kühler das rückgeführte Abgas vor dem Eintritt in das Saugrohr auf ein niedrigeres Temperaturniveau kühlen und damit die Dichte der Frischladung erhöhen. Zur Dosierung der äußeren Abgasrückführung wird ein Stellventil verwendet.

Der Restgasanteil der Zylinderladung kann jedoch im großen Maße ebenfalls durch die Menge der im Zylinder verbleibenden Restgasmasse geändert werden. Zu deren Steuerung können Variabilitäten im Ventiltrieb eingesetzt werden. Zu nennen sind hier insbesondere Phasensteller der Nockenwellen, durch deren Anwendung die Steuerzeiten im breiten Bereich beeinflusst werden können und dadurch das Einbehalten einer gewünschten Restgasmasse ermöglichen. Durch eine Ventilüberschneidung kann beispielsweise der Restgasanteil für das folgende Arbeitsspiel wesentlich beeinflusst werden. Während der Ventilüberschneidung sind Ein- und Auslassventil gleichzeitig geöffnet, d. h., das Einlassventil öffnet, bevor das Auslassventil schließt. Ist in der Überschneidungsphase der Druck im Saugrohr niedriger als im Abgastrakt, so tritt eine Rückströmung des Restgases in das Saugrohr auf. Da das so ins Saugrohr gelangte Restgas nach dem Auslass-Schließen wieder angesaugt wird, führt dies zu einer Erhöhung des Restgasgehalts.

Der Einsatz von variablen Ventiltrieben ermöglicht darüber hinaus eine Vielzahl an Verfahren, mit welchen sich die spezifische Leistung und der Wirkungsgrad des Ottomotors weiter steigern lassen. So ermöglicht eine verstellbare Einlassnockenwelle beispielsweise die Anpassung der Steuerzeit für die Einlassventile an die sich mit der Drehzahl veränderliche Gasdynamik des Saugtraktes, um in Volllastbetrieb die optimale Füllung der Zylinder zu ermöglichen. Zur Wirkungsgradsteigerung im gedrosselten Betrieb bei Teillast ist zudem die Anwendung vom späten oder frühen Schließen der Einlassventile möglich. Beim Atkinson-Verfahren wird durch spätes Schließen der Einlassventile ein Teil der angesaugten Ladung wieder aus dem Zylinder in das Saugrohr verdrängt. Um die Ladungsmasse der Standardsteuerzeit im Zylinder einzuschließen, wird der Motor weiter entdrosselt und damit der Wirkungsgrad erhöht. Aufgrund der langen Öffnungsdauer der Einlassventile beim Atkinson-Verfahren können insbesondere bei Saugmotoren zudem gasdynamische Effekte ausgenutzt werden.

Das Miller-Verfahren hingegen beschreibt ein frühes Schließen der Einlassventile. Dadurch wird die im Zylinder eingeschlossene Ladung im Fortgang der Abwärtsbewegung des Kolbens (Saugtakt) expandiert. Verglichen mit der Standard-Steuerzeit erfolgt die darauf folgende Kompression auf einem niedrigeren Druck- und Temperaturniveau. Um das gleiche Moment zu erzeugen und hierfür die gleiche Masse an Frischladung im Zylinder einzuschließen, muss der Arbeitsprozess (wie auch beim Atkinson-Verfahren) entdrosselt werden, was den Wirkungsgrad erhöht. Aufgrund der weitgehenden Bremsung der Ladungsbewegung während der Expansion vor dem Verdichtungstakt wird allerdings die Verbrennung verlangsamt und das theoretische Wirkungsgradpotential daher zum großen Teil wieder kompensiert. Da beide Verfahren die Temperatur der Zylinderladung während der Kompression senken, können sie insbesondere bei aufgeladenen Ottomotoren an der Volllast ebenfalls zur Senkung der Klopfneigung und damit zur Steigerung der spezifischen Leistung verwendet werden.

Die Anwendung variabler Ventihubverfahren ermöglicht durch die Darstellung von

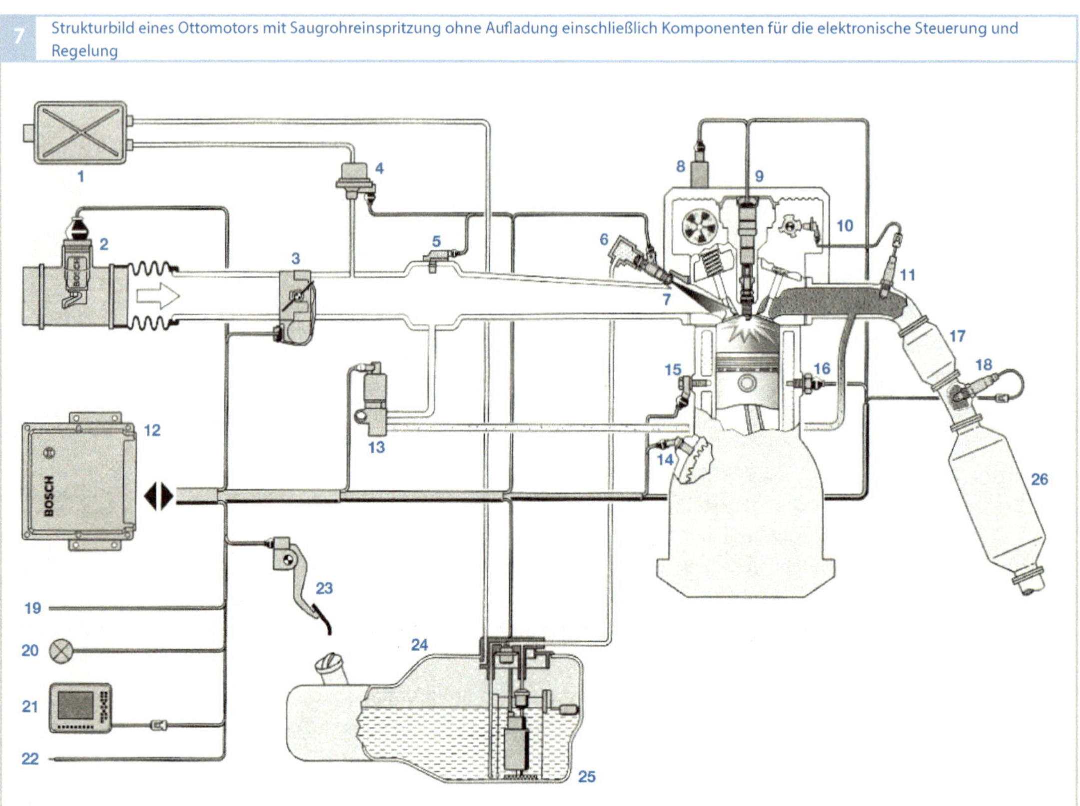

Bild 7

1 Aktivkohlebehälter
2 Heißfilm-Luftmassenmesser (HFM) mit integriertem Temperatursensor
3 Drosselvorrichtung (EGAS)
4 Tankentlüftungsventil
5 Saugrohrdrucksensor
6 Kraftstoffverteilerstück
7 Einspritzventil
8 Aktoren und Sensoren für variable Nockenwellensteuerung
9 Zündkerze mit aufgesteckter Zündspule
10 Nockenwellen-Phasensensor
11 λ-Sonde vor dem Vorkatalysator
12 Motorsteuergerät
13 Abgasrückführventil
14 Drehzahlsensor
15 Klopfsensor
16 Motortemperatursensor

17 Vorkatalysator (Dreiwegekatalysator)
18 λ-Sonde nach dem Vorkatalysator
19 CAN-Schnittstelle
20 Motorkontrollleuchte
21 Diagnoseschnittstelle
22 Schnittstelle zur Wegfahrsperre
23 Fahrpedalmodul mit Pedalwegsensor
24 Kraftstoffbehälter
25 Tankeinbaueinheit mit Elektrokraftstoffpumpe, Kraftstofffilter und Kraftstoffregler
26 Hauptkatalysator (Dreiwegekatalysator)

Der in Bild 7 dargestellte Systemumfang bezüglich der On-Board-Diagnose entspricht den Anforderungen der EOBD.

Teilhübe der Einlassventile ebenfalls eine Entdrosselung des Motors an der Drosselklappe und damit eine Wirkungsgradsteigerung. Zudem kann durch unterschiedliche Hubverläufe der Einlassventile eines Zylinders die Ladungsbewegung deutlich erhöht werden, was insbesondere im Bereich niedriger Lasten die Verbrennung deutlich stabilisiert und damit die Anwendung hoher Restgasraten erleichtert. Eine weitere Möglichkeit zur Steuerung der Ladungsbewegung bilden Ladungsbewegungsklappen, welche durch ihre Stellung im Saugkanal des Zylinderkopfs die Strömungsbewegung beeinflussen. Allerdings ergibt sich hier aufgrund der höheren Strömungsverluste auch eine Steigerung der Ladungswechselarbeit.

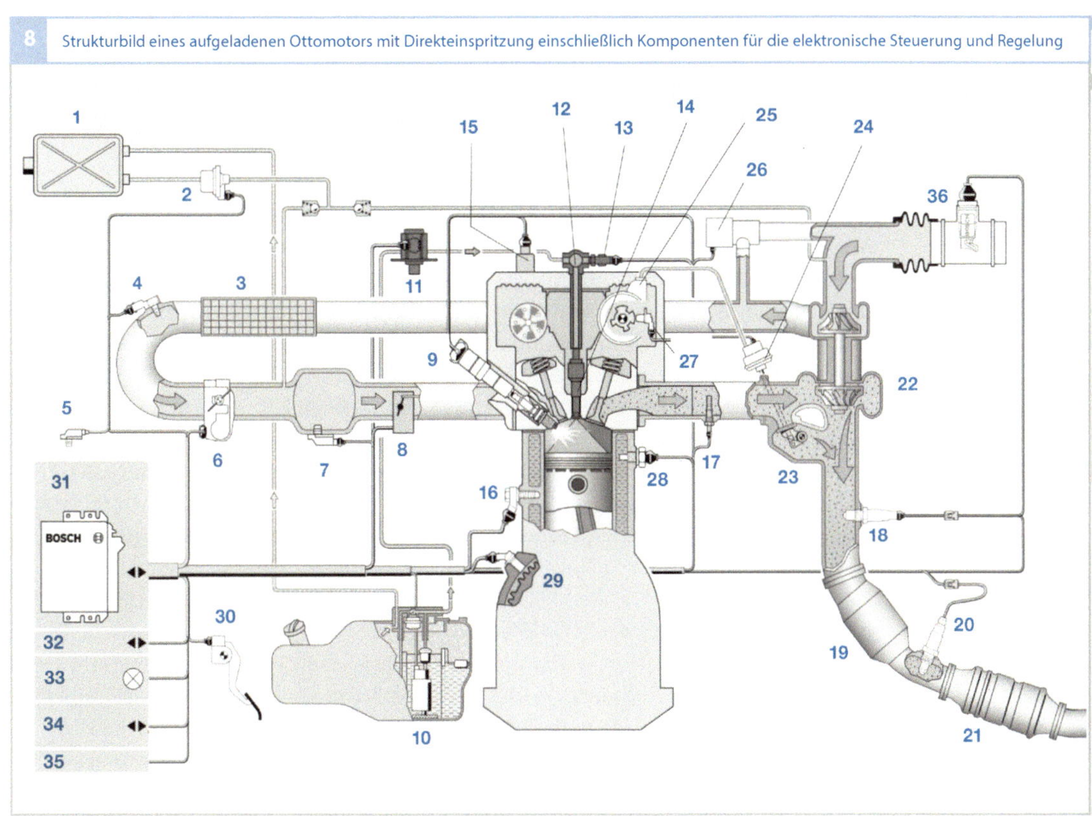

Insgesamt lassen sich durch die Anwendung variabler Ventiltriebe, welche eine Kombination aus Steuerzeit- und Ventilhubverstellung bis hin zu voll-variablen Systemen umfassen, beträchtliche Steigerungen der spezifischen Leistung sowie des Wirkungsgrades erreichen. Auch die Anwendung eines geschichteten Brennverfahrens erlaubt aufgrund des hohen Luftüberschusses einen weitgehend ungedrosselten Betrieb, welcher insbesondere in der Teillast des Ottomotors zur einer erheblichen Steigerung des effektiven Wirkungsgrades führt.

Das bei homogener, stöchiometrischer Gemischverteilung erreichbare Drehmoment ist proportional zu der Frischgasfüllung. Daher kann das maximale Drehmo-

Bild 8

1	Aktivkohlebehälter	
2	Tankentlüftungsventil	
3	Heißfilm-Luftmassenmesser	
4	kombinierter Ladedruck- und Ansauglufttemperatursensor	
5	Umgebungsdrucksensor	
6	Drosselvorrichtung (EGAS)	
7	Saugrohrdrucksensor	
8	Ladungsbewegungsklappe	
9	Zündspule mit Zündkerze	
10	Kraftstofffördermodul mit Elektrokraftstoffpumpe	
11	Hochdruckpumpe	
12	Kraftstoff-Verteilerrohr	
13	Hochdrucksensor	
14	Hochdruck-Einspritzventil	
15	Nockenwellenversteller	
16	Klopfsensor	
17	Abgastemperatursensor	
18	λ-Sonde	
19	Vorkatalysator	
20	λ-Sonde	
21	Hauptkatalysator	
22	Abgasturbolader	
23	Waste-Gate	
24	Waste-Gate-Steller	
25	Vakuumpumpe	
26	Schub-Umluftventil	
27	Nockenwellen-Phasensensor	
28	Motortemperatursensor	
29	Drehzahlsensor	
30	Fahrpedalmodul	
31	Motorsteuergerät	
32	CAN-Schnittstelle	
33	Motorkontrollleuchte	
34	Diagnoseschnittstelle	
35	Schnittstelle zur Wegfahrsperre	

ment lediglich durch die Verdichtung der Luft vor Eintritt in den Zylinder (Aufladung) gesteigert werden. Mit der Aufladung kann der Liefergrad, bezogen auf Normbedingungen, auf Werte größer als eins erhöht werden. Eine Aufladung kann bereits allein durch Nutzung gasdynamischer Effekte im Saugrohr erzielt werden (gasdynamische Aufladung). Der Aufladungsgrad hängt von der Gestaltung des Saugrohrs sowie vom Betriebspunkt des Motors ab, im Wesentlichen von der Drehzahl, aber auch von der Füllung. Mit der Möglichkeit, die Saugrohrgeometrie während des Fahrbetriebs beispielsweise durch eine variable Saugrohrlänge zu ändern, kann die gasdynamische Aufladung in einem weiten Betriebsbereich für eine Steigerung der maximalen Füllung herangezogen werden.

Eine weitere Erhöhung der Luftdichte erzielen mechanisch angetriebene Verdichter bei der mechanischen Aufladung, welche von der Kurbelwelle des Motors angetrieben werden. Die komprimierte Luft wird dabei durch das Ansaugsystem, welches dann zugunsten eines schnellen Ansprechverhaltens des Motors mit kleinem Sammlervolumen und kurzen Saugrohrlängen ausgeführt wird, in die Zylinder gepumpt.

Bei der Abgasturboaufladung wird im Unterschied zur mechanischen Aufladung der Verdichter des Abgasturboladers nicht von der Kurbelwelle angetrieben, sondern von einer Abgasturbine, welche sich im Abgastrakt befindet und die Enthalpie des Abgases ausnutzt. Die Enthalpie des Abgases kann zusätzlich erhöht werden, in dem durch die Anwendung einer Ventilüberschneidung ein Teil der Frischladung durch die Zylinder gespült (Scavenging) und damit der Massenstrom an der Abgasturbine erhöht wird. Zusätzlich sorgt eine hohe Spülrate für niedrige Restgasanteile. Da bei Motoren mit Abgasturboaufladung im unteren Drehzahlbereich

an der Volllast ein positives Druckgefälle über dem Zylinder gut eingestellt werden kann, erhöht dieses Verfahren wesentlich das maximale Drehmoment in diesem Betriebsbereich (Low-End-Torque).

Füllungserfassung und Gemischregelung
Beim Ottomotor wird die zugeführte Kraftstoffmenge in Abhängigkeit der angesaugten Luftmasse eingestellt. Dies ist nötig, weil sich nach einer Änderung des Drosselklappenwinkels die Luftfüllung erst allmählich ändert, während die Kraftstoffmenge arbeitsspielindividuell variiert werden kann. In der Motorsteuerung muss daher für jedes Arbeitsspiel je nach der Betriebsart (Homogen, Homogen-mager, Schichtbetrieb) die aktuell vorhandene Luftmasse bestimmt werden (durch Füllungserfassung). Es gibt grundsätzlich drei Verfahren, mit welchen dies erfolgen kann. Das erste Verfahren arbeitet folgendermaßen: Über ein Kennfeld wird in Abhängigkeit von Drosselklappenwinkel α und Drehzahl n der Volumenstrom bestimmt, der über geeignete Korrekturen in einem Luftmassenstrom umgerechnet wird. Die auf diesem Prinzip arbeitenden Systeme heißen α-n-Systeme.

Beim zweiten Verfahren wird über ein Modell (Drosselklappenmodell) aus der Temperatur vor der Drosselklappe, dem Druck vor und nach der Drosselklappe sowie der Drosselklappenstellung (Winkel α) der Luftmassenstrom berechnet. Als Erweiterung dieses Modells kann zusätzlich aus der Motordrehzahl n, dem Druck p im Saugrohr (vor dem Einlassventil), der Temperatur im Einlasskanal und weiteren Einflüssen (Nockenwellen- und Ventilhubverstellung, Saugrohrumschaltung, Position der Ladungsbewegungsklappe) die vom Zylinder angesaugte Frischluft berechnet werden. Nach diesem Prinzip arbeitende Systeme werden p-n-Systeme genannt. Je nach Komplexität des Motors, insbesondere die Variabilitäten des Ventiltriebs betreffend, können hierfür aufwendige Modelle notwendig sein. Das dritte Verfahren besteht darin, dass ein Heißfilm-Luftmassenmesser (HFM) direkt den in das Saugrohr einströmenden Luftmassenstrom misst. Weil mittels eines Heißfilm-Luftmassenmessers oder eines Drosselklappenmodells nur der in das Saugrohr einfließende Massenstrom bestimmt werden kann, liefern diese beiden Systeme nur im stationären Motorbetrieb einen gültigen Wert für die Zylinderfüllung. Ein stationärer Betrieb setzt die Annahme eines konstanten Saugrohrdrucks voraus, so dass die dem Saugrohr zufließenden und den Motor verlassenden Luftmassenströme identisch sind. Die Anwendung sowohl des Heißfilm-Luftmassenmessers als auch des Drosselklappenmodells liefert bei einem plötzlichen Lastwechsel (d. h. bei einer plötzlichen Änderung des Drosselklappenwinkels) eine augenblickliche Änderung des dem Saugrohr zufließenden Massenstroms, während sich der in den Zylinder eintretende Massenstrom und damit die Zylinderfüllung erst ändern, wenn sich der Saugrohrdruck erhöht oder erniedrigt hat. Daher muss für die richtige Abbildung transienter Vorgänge entweder das p-n-System verwendet oder eine zusätzliche Modellierung des Speicherverhaltens im Saugrohr (Saugrohrmodell) erfolgen.

Kraftstoffe

Für den ottomotorischen Betrieb werden Kraftstoffe benötigt, welche aufgrund ihrer Zusammensetzung eine niedrige Neigung zur Selbstzündung (hohe Klopffestigkeit) aufweisen. Andernfalls kann die während der Kompression nach einer Selbstzündung erfolgte, schlagartige Umsetzung der Zylinderladung zu mechanischen Schäden des Ottomotors bis hin zu seinem Totalausfall führen. Die Klopffestigkeit eines Ottokraftstoffes wird durch die Oktanzahl beschrie-

Stoff	Dichte in kg/l	Hauptbestandteile in Gewichtsprozent	Siedetemperatur in °C	Spezifische Verdampfungswärme in kJ/kg	Spezifischer Heizwert in MJ/kg	Zündtemperatur in °C	Luftbedarf, stöchiometrisch in kg/kg	Zündgrenze untere	obere
								in Volumenprozent Gas in Luft	
Ottokraftstoff									
Normal	0,720…0,775	86 C, 14 H	25…210	380…500	41,2…41,9	≈ 300	14,8	≈ 0,6	≈ 8
Super	0,720…0,775	86 C, 14 H	25…210	–	40,1…41,6	≈ 400	14,7	–	–
Flugbenzin	0,720	85 C, 15 H	40…180	–	43,5	≈ 500	–	≈ 0,7	≈ 8
Kerosin	0,77…0,83	87 C, 13 H	170…260	–	43	≈ 250	14,5	≈ 0,6	≈ 7,5
Dieselkraftstoff	0,820…0,845	86 C, 14 H	180…360	≈ 250	42,9…43,1	≈ 250	14,5	≈ 0,6	≈ 7,5
Ethanol C_2H_5OH	0,79	52 C, 13 H, 35 O	78	904	26,8	420	9	3,5	15
Methanol CH_3OH	0,79	38 C, 12 H, 50 O	65	1 110	19,7	450	6,4	5,5	26
Rapsöl	0,92	78 C, 12 H, 10 O	–	–	38	≈ 300	12,4	–	–
Rapsölmethylester (Biodisesel)	0,88	77 C, 12 H, 11 O	320…360	–	36,5	283	12,8	–	–

Stoff	Dichte bei 0 °C und 1 013 mbar in kg/m³	Hauptbestandteile in Gewichtsprozent	Siedetemperatur bei 1 013 mbar in °C	Spezifischer Heizwert		Zündtemperatur in °C	Luftbedarf, stöchiometrisch in kg/kg	Zündgrenze	
				Kraftstoff in MJ/kg	Luft-Kraftsstoff-Gemisch in MJ/m³			untere	obere
								in Volumenprozent Gas in Luft	
Flüssiggas (Autogas)	2,25	C_3H_8, C_4H_{10}	−30	46,1	3,39	≈ 400	15,5	1,5	15
Erdgas H (Nordsee)	0,83	87 CH_4, 8 C_2H_6, 2 C_3H_8, 2 CO_2, 1 N_2	−162 (CH_4)	46,7	–	584	16,1	4,0	15,8
Erdgas H (Russland)	0,73	98 CH_4, 1 C_2H_6, 1 N_2	−162 (CH_4)	49,1	3,4	619	16,9	4,3	16,2
Erdgas L	0,83	83 CH_4, 4 C_2H_6, 1 C_3H_8, 2 CO_2, 10 N_2	−162 (CH_4)	40,3	3,3	≈ 600	14,0	4,6	16,0

ben. Die Höhe der Oktanzahl bestimmt die spezifische Leistung des Ottomotors. An der Volllast wird aufgrund der Gefahr von Motorschäden die Lage der Verbrennung durch das Motorsteuergerät über einen Zündwinkeleingriff (durch die Klopfregelung) so eingestellt, dass – durch Senkung der Verbrennungstemperatur durch eine späte Lage der Verbrennung – keine Selbstzündung der Frischladung erfolgt. Dies begrenzt jedoch das nutzbare Drehmoment des Motors. Je höher die verwendete Oktanzahl ist, desto höher fällt, bei einer entsprechenden Bedatung des Motorsteuergeräts, die spezifische Leistung aus.

In den Tabellen 1 und 2 sind die Stoffwerte der wichtigsten Kraftstoffe zusammengefasst. Verwendung findet meist Benzin, welches durch Destillation aus Rohöl gewonnen und zur Steigerung der Klopffestigkeit mit geeigneten Komponenten versetzt wird. So wird bei Benzinkraftstoffen in Deutschland zwischen Super und Super-Plus unterschieden, einige Anbieter haben ihre Super-Plus-Kraftstoffe durch 100-Oktan-Benzine ersetzt.

Seit Januar 2011 enthält der Super-Kraftstoff bis zu 10 Volumenprozent Ethanol (E10), alle anderen Sorten sind mit max. 5 Volumenprozent Ethanol (E5) versetzt. Die Abkürzung E10 bezeichnet dabei einen Ottokraftstoff mit einem Anteil von 90 Volumenprozent Benzin und 10 Volumenprozent Ethanol. Die ottomotorische Verwendung von reinen Alkoholen (Methanol M100, Ethanol E100) ist bei Verwendung geeigneter Kraftstoffsysteme und speziell adaptierter Motoren möglich, da aufgrund des höheren Sauerstoffgehalts ihre Oktanzahl die des Benzins übersteigt.

Auch der Betrieb mit gasförmigen Kraftstoffen ist beim Ottomotor möglich. Verwendung findet als serienmäßige Ausstattung (in bivalenten Systemen mit Benzin- und Gasbetrieb) in Europa meist Erdgas (Compressed Natural Gas CNG), welches hauptsächlich aus Methan besteht. Aufgrund des höheren Wasserstoff-Kohlenstoff-Verhältnisses entsteht bei der Verbrennung von Erdgas weniger CO_2 und mehr Wasser als bei Verbrennung von Benzin. Ein auf Erdgas eingestellter Ottomotor erzeugt bereits ohne weitere Optimierung ca. 25 % weniger CO_2-Emissionen als beim Einsatz von Benzin. Durch die sehr hohe Oktanzahl (ROZ 130) eignet sich der mit Erdgas betriebene Ottomotor ideal zur Aufladung und lässt zudem eine Erhöhung des Verdichtungsverhältnisses zu. Durch den monovalenten Gaseinsatz in Verbindung mit einer Hubraumverkleinerung (Downsizing) kann der effektive Wirkungsgrad des Ottomotors erhöht und seine CO_2-Emission gegenüber dem konventionellen Benzin-Betrieb maßgeblich verringert werden.

Häufig, insbesondere in Anlagen zur Nachrüstung, wird Flüssiggas (Liquid Petroleum Gas LPG), auch Autogas genannt, eingesetzt. Das verflüssigte Gasgemisch besteht aus Propan und Butan. Die Oktanzahl von Flüssiggas liegt mit ROZ 120 deutlich über dem Niveau von Super-Kraftstoffen, bei seiner Verbrennung entstehen ca. 10 % weniger CO_2-Emissionen als im Benzinbetrieb.

Auch die ottomotorische Verbrennung von reinem Wasserstoff ist möglich. Aufgrund des Fehlens an Kohlenstoff entsteht bei der Verbrennung von Wasserstoff kein Kohlendioxid, als „CO_2-frei" darf dieser Kraftstoff dennoch nicht gelten, wenn bei seiner Herstellung CO_2 anfällt. Aufgrund seiner sehr hohen Zündwilligkeit ermöglicht der Betrieb mit Wasserstoff eine starke Abmagerung und damit eine Steigerung des effektiven Wirkungsgrades des Ottomotors.

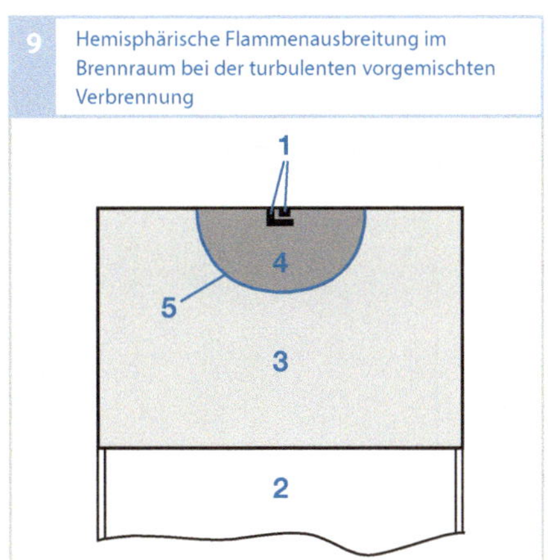

Bild 9
1 Elektroden der Zündkerze
2 Kolben
3 Gemisch mit λ_g
4 Verbranntes Gas mit $\lambda_\mathrm{v} \approx \lambda_\mathrm{g}$
5 Flammenfront

λ bezeichnet die Luftzahl.

Verbrennung

Turbulente vorgemischte Verbrennung

Das homogene Brennverfahren stellt die Referenz bei der ottomotorischen Verbrennung dar. Dabei wird ein stöchiometrisches, homogenes Gemisch während der Verdichtungsphase durch einen Zündfunken entflammt. Der daraus entstehende Flammkern geht in eine turbulente, vorgemischte Verbrennung mit sich nahezu hemisphärisch (halbkugelförmig) ausbreitender Flammenfront über (Bild 9).

Hierzu wird eine zunächst laminare Flammenfront, deren Fortschrittgeschwindigkeit von Druck, Temperatur und Zusammensetzung des Unverbrannten abhängt, durch viele kleine, turbulente Wirbel zerklüftet. Dadurch vergrößert sich die Flammenoberfläche deutlich. Das wiederum erlaubt einen erhöhten Frischladungseintrag in die Reaktionszone und somit eine deutliche Erhöhung der Flammenfortschrittsgeschwindigkeit. Hieraus ist ersichtlich, dass die Turbulenz der Zylinderladung einen sehr relevanten Faktor zur Verbrennungsoptimierung darstellt.

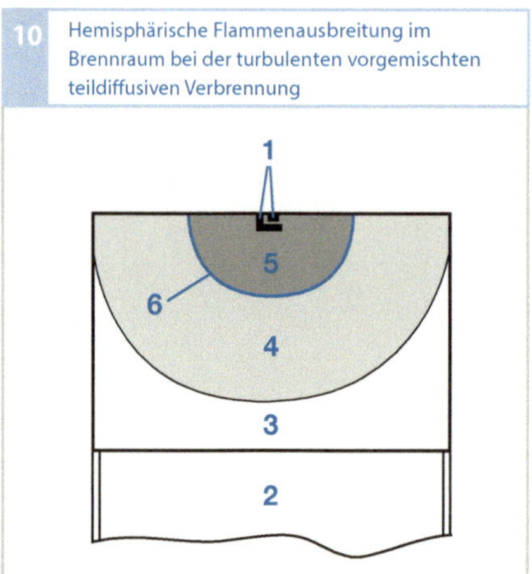

Bild 10
1 Elektroden der Zündkerze
2 Kolben
3 Luft (und Restgas) mit $\lambda \rightarrow \infty$
4 Gemisch mit $\lambda_g \approx 1$
5 Verbranntes Gas mit $\lambda_v \approx 1$
6 Flammenfront

Über den gesamten Brennraum gemittelt ergibt sich eine Luftzahl über eins.

Turbulente vorgemischte teildiffusive Verbrennung

Zur Senkung des Kraftstoffverbrauchs und somit der CO_2-Emission ist das Verfahren der geschichteten Fremdzündung beim Ottomotor, auch Schichtbetrieb genannt, ein vielversprechender Ansatz.

Bei der geschichteten Fremdzündung wird im Extremfall lediglich die Frischluft verdichtet und erst in Nähe des oberen Totpunkts der Kraftstoff eingespritzt sowie zeitnah von der Zündkerze gezündet. Dabei entsteht eine geschichtete Ladung, welche idealerweise in der Nähe der Zündkerze ein Luft-Kraftstoff-Verhältnis von $\lambda \approx 1$ besitzt, um die optimalen Bedingungen für die Entflammung und Verbrennung zu ermöglichen (Bild 10). In der Realität jedoch ergeben sich aufgrund der stochastischen Art der Zylinderinnenströmung sowohl fette als auch magere Gemisch-Zonen in der Nähe der Zündkerze. Dies erfordert eine höhere geometrische Genauigkeit in der Abstimmung der idealen Injektor- und Zündkerzenposition, um die Entflammungsrobustheit sicher zu stellen.

Nach erfolgter Zündung stellt sich eine überwiegend turbulente, vorgemischte Ver-

brennung ein, und zwar dort, wo der Kraftstoff schon verdampft innerhalb eines Luft-Kraftstoff-Gemisches vorliegt. Des Weiteren verläuft die Umsetzung eines Teils des Kraftstoffs an der Luft-Kraftstoff-Grenze verdampfender Tropfen als diffusive Verbrennung. Ein weiterer wichtiger Effekt liegt beim Verbrennungsende. Hierbei erreicht die Flamme sehr magere Bereiche, die früher ins Quenching führen, d. h. in den Zustand, bei welchem die thermodynamischen Bedingungen wie Temperatur und Gemischqualität nicht mehr ausreichen, die Flamme weiter fortschreiten zu lassen. Hieraus können sich erhöhte HC- und CO-Emissionen ergeben. Die NO_x-Bildung ist für dieses entdrosselte und verdünnte Brennverfahren im Vergleich zur homogenen stöchiometrischen Verbrennung relativ gering. Der Dreiwegekatalysator ist jedoch wegen des mageren Abgases nicht in der Lage, selbst die geringe NO_x-Emission zu reduzieren. Dies macht eine spezifische Nachbehandlung der Abgase erforderlich, z. B. durch den Einsatz eines NO_x-Speicherkatalysators oder durch die Anwendung der selektiven katalytischen Reduktion unter Verwendung eines geeigneten Reduktionsmittels.

Homogene Selbstzündung

Vor dem Hintergrund einer verschärften Abgasgesetzgebung bei gleichzeitiger Forderung nach geringem Kraftstoffverbrauch ist das Verfahren der homogenen Selbstzündung beim Ottomotor, auch HCCI (Homogeneous Charge Compression Ignition) genannt, eine weitere interessante Alternative. Bei diesem Brennverfahren wird ein stark mit Luft oder Abgas verdünntes Kraftstoffdampf-Luft-Gemisch im Zylinder bis zur Selbstzündung verdichtet. Die Verbrennung erfolgt als Volumenreaktion ohne Ausbildung einer turbulenten Flammenfront oder einer Diffusionsverbrennung (Bild 11).

Die thermodynamische Analyse des Arbeitsprozesses verdeutlicht die Vorteile des HCCI-Verfahrens gegenüber der Anwendung anderer ottomotorischer Brennverfahren mit konventioneller Fremdzündung: Die Entdrosselung (hoher Massenanteil, der am thermodynamischen Prozess teilnimmt und drastische Reduktion der Ladungswechselverluste), kalorische Vorteile bedingt durch die Niedrigtemperatur-Umsetzung und die schnelle Wärmefreisetzung führen zu einer Annäherung an den idealen Gleichraumprozess und somit zur Steigerung des thermischen Wirkungsgrades. Da die Selbstzündung und die Verbrennung an unterschiedlichen Orten im Brennraum gleichzeitig beginnen, ist die Flammenausbreitung im Gegensatz zum fremdgezündeten Betrieb nicht von lokalen Randbedingungen abhängig, so dass geringere Zyklusschwankungen auftreten.

Die kontrollierte Selbstzündung bietet die Möglichkeit, den Wirkungsgrad des Arbeitsprozesses unter Beibehaltung des klassischen Dreiwegekatalysators ohne zusätzliche Abgasnachbehandlung zu steigern. Die überwiegend magere Niedrigtemperatur-Wärmefreisetzung bedingt einen sehr niedrigen NO_x-Ausstoß bei ähnlichen HC-Emissionen und reduzierter CO-Bildung im Vergleich zum konventionellen fremdgezündeten Betrieb.

Irreguläre Verbrennung

Unter irregulärer Verbrennung beim Ottomotor versteht man Phänomene wie die klopfende Verbrennung, Glühzündung oder andere Vorentflammungserscheinungen. Eine klopfende Verbrennung äußert sich im Allgemeinen durch ein deutlich hörbares, metallisches Geräusch (Klingeln, Klopfen). Die schädigende Wirkung eines dauerhaften Klopfens kann zum völligen Ausfall des Mo-

tors führen. In heutigen Serienmotoren dient eine Klopfregelung dazu, den Motor bei Volllast gefahrlos an der Klopfgrenze zu betreiben. Hierzu wird die klopfende Verbrennung durch einen Sensor detektiert und der Zündwinkel vom Steuergerät entsprechend angepasst. Durch die Anwendung der Klopfregelung ergeben sich weitere Vorteile, insbesondere die Reduktion des Kraftstoffverbrauchs, die Erhöhung des Drehmoments sowie die Darstellung des Motorbetriebs in einem vergrößerten Oktanzahlbereich. Eine Klopfregelung ist allerdings nur dann anwendbar, wenn das Klopfen ein reproduzierbares und wiederkehrendes Phänomen ist.

Der Unterschied zwischen einer regulären und einer klopfenden Verbrennung ist in (Bild 12) dargestellt. Aus dieser wird deutlich, dass der Zylinderdruck bereits vor Klopfbeginn infolge hochfrequenter Druckwellen, welche durch den Brennraum pulsieren, im Vergleich zum nicht klopfenden Arbeitsspiel deutlich ansteigt. Bereits die frühe Phase der klopfenden Verbrennung zeichnet sich also gegenüber dem mittleren Arbeitsspiel (in Bild 12 als reguläre Verbrennung gekennzeichnet) durch einen schnelleren Massenumsatz aus. Beim Klopfen kommt es

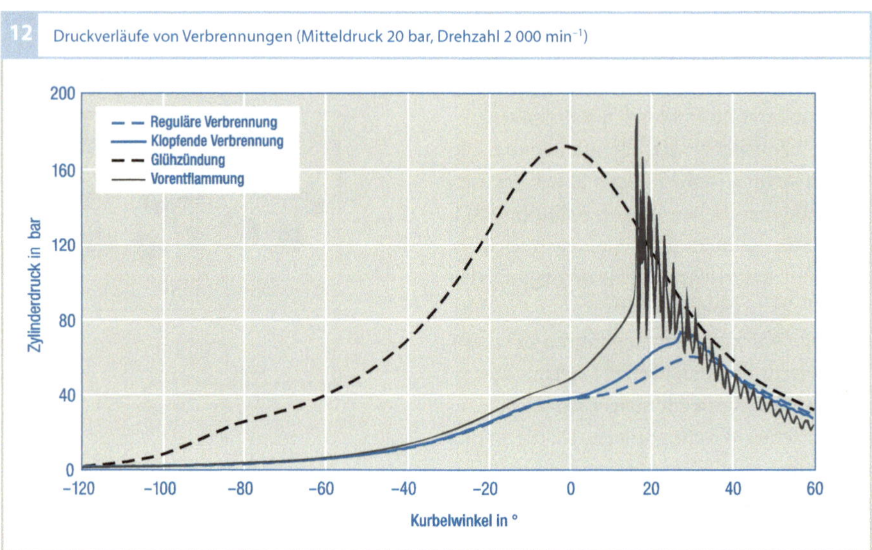

Bild 12
Der Kurbelwinkel ist auf den oberen Totpunkt in der Kompressionsphase (ZOT) bezogen.

zur Selbstzündung in den noch nicht von der Flamme erfassten Endgaszonen. Die stehenden Wellen, die anschließend durch den Brennraum fortschreiten, verursachen das hörbare, klingelnde Geräusch. Im Motorbetrieb wird das Eintreten von Klopfen durch eine Spätverstellung des Zündwinkels vermieden. Dies führt, je nach resultierender Schwerpunktslage der Verbrennung, zu einem nicht unerheblichen Wirkungsgradverlust.

Die Glühzündung führt gewöhnlich zu einer sehr hohen mechanischen Belastung des Motors. Die Entflammung des Frischgemischs erfolgt hierbei teilweise deutlich vor dem regulären Auslösen des Zündfunkens. Häufig kommt es zu einem sogenannten Run-on, wobei nach starkem Klopfen der Zeitpunkt der Entzündung mit jedem weiteren Arbeitsspiel früher erfolgt. Dabei wird ein Großteil des Frischgemisches bereits deutlich vor dem oberen Totpunkt in der Kompressionsphase umgesetzt (Bild 12). Druck und Temperatur im Brennraum steigen dabei aufgrund der noch ablaufenden

Kompression stark an. Hat sich die Glühzündung erst eingestellt, kommt es im Gegensatz zur klopfenden Verbrennung zu keinem wahrnehmbaren Geräusch, da die pulsierenden Druckwellen im Brennraum ausbleiben. Solch eine extrem frühe Glühzündung führt meistens zum sofortigen Ausfall des Motors. Bevorzugte Stellen, an denen eine Oberflächenzündung beginnen kann, sind überhitzte Ventile oder Zündkerzen, glühende Verbrennungsrückstände oder sehr heiße Stellen im Brennraum wie beispielsweise Kanten von Kolbenmulden. Eine Oberflächenzündung kann durch entsprechende Auslegung der Kühlkanäle im Bereich des Zylinderkopfs und der Laufbuchse in den meisten Fällen vermieden werden.

Eine Vorentflammung zeichnet sich durch eine unkontrollierte und sporadisch auftretende Selbstentflammung aus, welche vor allem bei kleinen Drehzahlen und hohen Lasten auftritt. Der Zeitpunkt der Selbstentflammung kann dabei von deutlich vor bis zum Zeitpunkt der Zündeinleitung selbst variieren. Betroffen von diesem Phänomen sind generell hoch aufgeladene Motoren mit hohen Mitteldrücken im unteren Drehzahlbereich (Low-End-Torque). Hier entfällt bis heute die Möglichkeit zur effektiven Regelung, die dem Auftreten der Vorentflammung entgegenwirken könnte, da die Ereignisse meist einzeln auftreten und nur selten unmittelbar in mehreren Arbeitsspielen aufeinander folgen. Als Reaktion wird bei Serienmotoren nach heutigem Stand zunächst der Ladedruck reduziert. Tritt weiterhin ein Vorentflammungsereignis auf, wird als letzte Maßnahme die Einspritzung ausgeblendet. Die Folge einer Vorentflammung ist eine schlagartige Umsetzung der verbliebenen Zylinderladung mit extremen Druckgradienten und sehr hohen Spitzendrücken, die teilweise 300 bar erreichen. Im Allgemeinen führt ein Vorentflammungsereignis daraufhin immer zu extremem Klopfen und gleicht vom Ablauf her einer Verbrennung, wie sie sich bei extrem früher Zündeinleitung (Überzündung) darstellt. Die Ursache hierfür ist noch nicht vollends geklärt. Vielmehr existieren auch hier mehrere Erklärungsversuche. Die Direkteinspritzung spielt hier eine relevante Rolle, da zündwillige Tropfen und zündwilliger Kraftstoffdampf in den Brennraum gelangen können. Unter anderem stehen Ablagerungen (Partikel, Ruß usw.) im Verdacht, da sie sich von der Brennraumwand lösen und als Initiator in Betracht kommen. Ein weiterer Erklärungsversuch geht davon aus, dass Fremdmedien (z. B. Öl) in den Brennraum gelangen, welche eine kürzere Zündverzugszeit aufweisen als übliche Kohlenwasserstoff-Bestandteile im Ottokraftstoff und damit das Reaktionsniveau entsprechend herabsetzen. Die Vielfalt des Phänomens ist stark motorabhängig und lässt sich kaum auf eine allgemeine Ursache zurückführen.

Drehmoment, Leistung und Verbrauch

Drehmomente am Antriebsstrang

Die von einem Ottomotor abgegebene Leistung P wird durch das verfügbare Kupplungsmoment M_k und die Motordrehzahl n bestimmt. Das an der Kupplung verfügbare Moment (Bild 13) ergibt sich aus dem durch den Verbrennungsprozess erzeugten Drehmoment, abzüglich der Ladungswechselverluste, der Reibung und dem Anteil zum Betrieb der Nebenaggregate. Das Antriebsmoment ergibt sich aus dem Kupplungsmoment abzüglich der an der Kupplung und im Getriebe auftretenden Verluste.

Das aus dem Verbrennungsprozess erzeugte Drehmoment wird im Arbeitstakt (Verbrennung und Expansion) erzeugt und ist bei Ottomotoren hauptsächlich abhängig von:
- der Luftmasse, die nach dem Schließen der Einlassventile für die Verbrennung zur Verfügung steht – bei homogenen Brennverfahren ist die Luft die Führungsgröße,
- die Kraftstoffmasse im Zylinder – bei geschichteten Brennverfahren ist die Kraftstoffmasse die Führungsgröße,
- dem Zündzeitpunkt, zu welchem der Zündfunke die Entflammung und Verbrennung des Luft-Kraftstoff-Gemisches einleitet.

Definition von Kenngrößen

Das instationäre innere Drehmoment M_i im Verbrennungsmotor ergibt sich aus dem Produkt von resultierender tangentialer Kraft F_T und Hebelarm r an der Kurbelwelle:

$$M_i = F_T\, r. \tag{4}$$

Die am Kurbelradius r wirkende Tangentialkraft F_T (Bild 14) resultiert aus der Kolbenkraft des Zylinders F_z, dem Kurbelwinkel φ und dem Pleuelschwenkwinkel β zu:

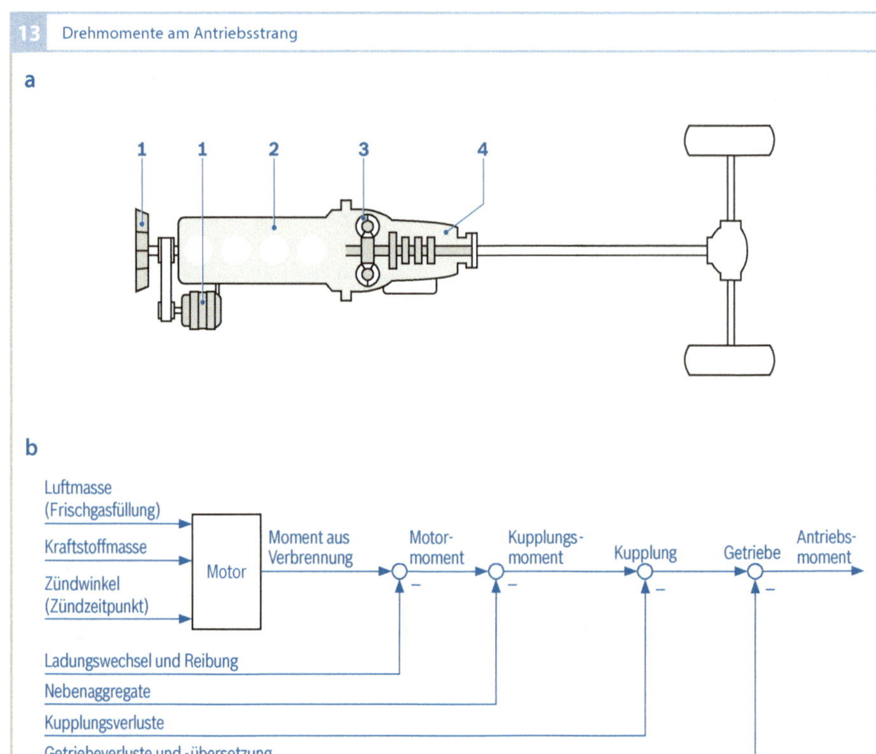

Bild 13

a   schematische Anordnung der Komponenten
b   Drehmomente am Antriebsstrang

1   Nebenaggregate (Generator, Klimakompressor usw.)
2   Motor
3   Kupplung
4   Getriebe

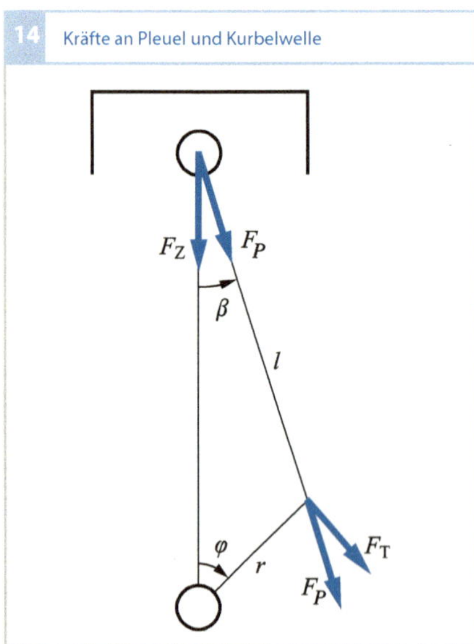

Bild 14

l Pleuellänge
r Kurbelradius
φ Kurbelwinkel
β Pleuelschwenkwinkel
F_Z Kolbenkraft
F_P Pleuelstangenkraft
F_T Tagentialkraft

$$F_T = F_z\,\frac{\sin(\varphi+\beta)}{\cos\beta}\,. \tag{5}$$

Mit

$$r\sin\varphi = l\sin\beta \tag{6}$$

und der Einführung des Schubstangenverhältnisses λ_l

$$\lambda_l = \frac{r}{l} \tag{7}$$

ergibt sich für die Tangentialkraft:

$$F_T = F_z\left(\sin\varphi + \lambda_l\,\frac{\sin\varphi\cos\varphi}{\sqrt{1-\lambda_l^{\,2}\sin^2\varphi}}\right). \tag{8}$$

Die Kolbenkraft F_z ist ihrerseits bestimmt durch das Produkt aus der lichten Kolbenfläche A, die sich aus dem Kolbenradius r_K zu

$$A_\mathrm{K} = r_\mathrm{K}^2 \pi \qquad (9)$$

ergibt und dem Differenzdruck am Kolben, welcher durch den Brennraumdruck p_Z und dem Druck p_K im Kurbelgehäuse gegeben ist:

$$F_\mathrm{Z} = A_\mathrm{K}(p_\mathrm{Z}-p_\mathrm{K}) = r_\mathrm{K}^2 \pi (p_\mathrm{Z}-p_\mathrm{K}). \qquad (10)$$

Für das instationäre innere Drehmoment M_i ergibt sich schließlich in Abhängigkeit der Stellung der Kurbelwelle:

$$M_\mathrm{i} = r_\mathrm{K}^2 \pi (p_\mathrm{Z}-p_\mathrm{K})$$
$$\left(\sin\varphi + \lambda_l \frac{\sin\varphi \cos\varphi}{\sqrt{1 - \lambda_l^2 \sin^2\varphi}}\right) r.$$
$$(11)$$

Für die Hubfunktion s, welche die Bewegung des Kolbens bei einem nicht geschränktem Kurbeltrieb beschreibt, folgt aus der Beziehung

$$s = r(1 - \cos\varphi) + l(1 - \cos\beta) \qquad (12)$$

der Ausdruck:

$$s = \left(1 + \frac{1}{\lambda_l} - \cos\varphi - \sqrt{\frac{1}{\lambda_l^2} - \sin^2\varphi}\right) r. \qquad (13)$$

Damit ist die augenblickliche Stellung des Kolbens durch den Kurbelwinkel φ, durch den Kurbelradius r und durch das Schubstangenverhältnis λ_l beschrieben. Das momentane Zylindervolumen V ergibt sich aus der Summe von Kompressionsendvolumen V_K und dem Volumen, welches sich über die Kolbenbewegung s mit der lichten Kolbenfläche A_K ergibt:

$$V = V_\mathrm{K} + A_\mathrm{K}s = V_\mathrm{K} +$$
$$r_\mathrm{K}^2 \pi \left(1 + \frac{1}{\lambda_l} - \cos\varphi - \sqrt{\frac{1}{\lambda_l^2} - \sin^2\varphi}\right) r. \qquad (14)$$

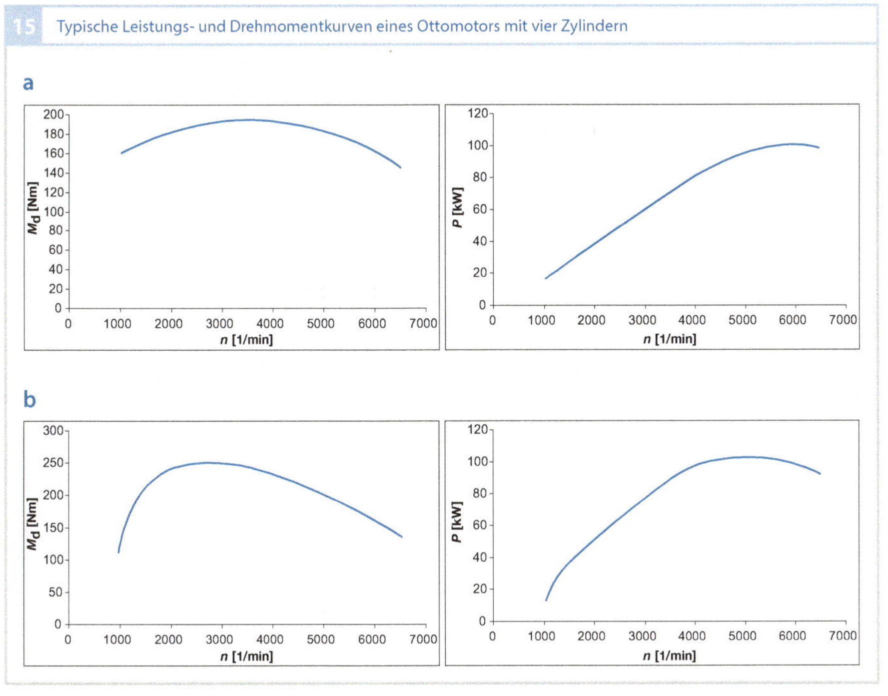

15 Typische Leistungs- und Drehmomentkurven eines Ottomotors mit vier Zylindern

Bild 15
a 1,9 *l* Hubraum ohne Aufladung
b 1,4 *l* Hubraum mit Aufladung
n Drehzahl
M_d Drehmoment
P Leistung

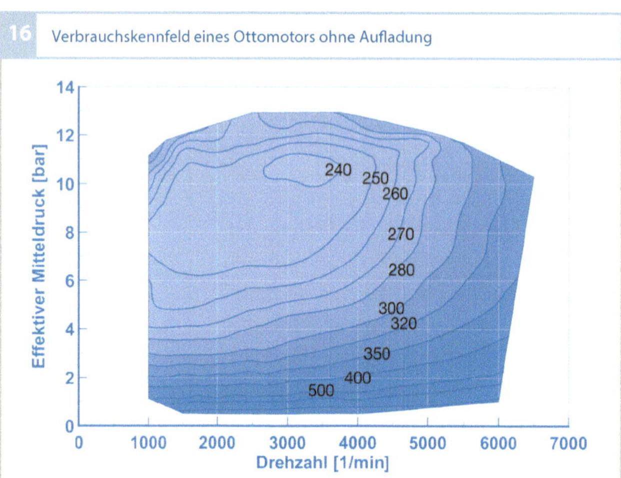

Bild 16
Die Zahlen geben den
Wert für b_e in g/kWh an.

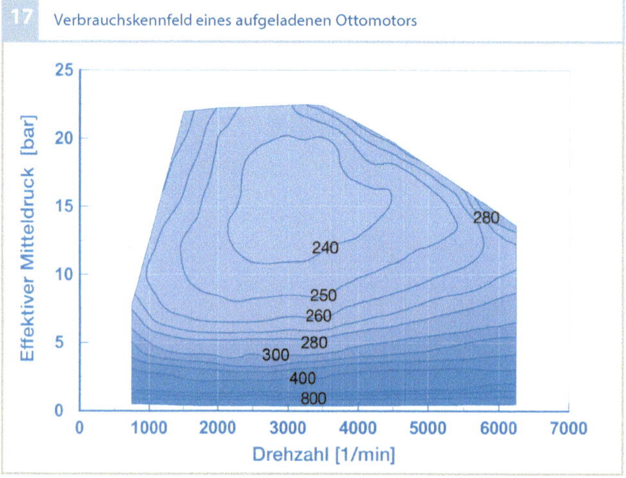

Bild 17
Die Zahlen geben
den spezifischen Kraft-
stoffverbrauch b_e
in g/kWh an.

Das am Kurbeltrieb erzeugte Drehmoment kann in Abhängigkeit des Fahrerwunsches durch Einstellen von Qualität und Quantität des Luft-Kraftstoff-Gemisches sowie des Zündwinkels geregelt werden. Das maximal erreichbare Drehmoment wird durch die maximale Füllung und die Konstruktion des Kurbeltriebs und Zylinderkopfes begrenzt.

Das effektive Drehmoment an der Kurbelwelle M_d entspricht der inneren technischen Arbeit abzüglich aller Reibungs- und Aggregateverluste. Üblicherweise erfolgt die Auslegung des maximalen Drehmomentes für niedrige Drehzahlen ($n \approx 2\,000$ min^{-1}), da in diesem Bereich der höchste Wirkungsgrad des Motors erreicht wird.

Die innere technische Arbeit W_i kann direkt aus dem Druck im Zylinder und der Volumenänderung während eines Arbeitsspiels in Abhängigkeit der Taktzahl n_T berechnet werden:

$$W_i = \int_{0°}^{\varphi_T} p \frac{dV}{d\varphi} d\varphi, \qquad (15)$$

wobei

$$\varphi_T = n_T \cdot 180° \qquad (16)$$

beträgt.

Unter Verwendung des an der Kurbelwelle des Motors abgegebenen Drehmomentes M_d und der Taktzahl n_T ergibt sich für die effektive Arbeit:

$$W_e = 2\pi \frac{n_T}{2} M_d. \qquad (17)$$

Die auftretenden Verluste durch Reibung und Nebenaggregate können als Differenz zwischen der inneren Arbeit W_i und der effektiven Nutzarbeit W_e als Reibarbeit W_R angegeben werden:

$$W_R = W_i - W_e. \qquad (18)$$

Eine Drehmomentgröße, die das Vergleichen der Last unterschiedlicher Motoren erlaubt, ist die spezifische effektive Arbeit w_e, welche die effektive Arbeit W_e auf das Hubvolumen des Motors bezieht:

$$w_e = \frac{W_e}{V_H}. \qquad (19)$$

Da es sich bei dieser Größe um den Quotienten aus Arbeit und Volumen handelt, wird diese oft als effektiver Mitteldruck p_{me} bezeichnet.

Die effektiv vom Motor abgegebene Leistung P resultiert aus dem erreichten Drehmoment M_d und der Motordrehzahl n zu:

$$P = 2\pi M_d\, n. \tag{20}$$

Die Motorleistung steigt bis zur Nenndrehzahl. Bei höheren Drehzahlen nimmt die Leistung wieder ab, da in diesem Bereich das Drehmoment stark abfällt.

Verläufe

Typische Leistungs- und Drehmomentkurven je eines Motors ohne und mit Aufladung, beide mit einer Leistung von 100 kW, werden in Bild 15 dargestellt.

Spezifischer Kraftstoffverbrauch

Der spezifische Kraftstoffverbrauch b_e stellt den Zusammenhang zwischen dem Kraftstoffaufwand und der abgegebenen Leistung des Motors dar. Er entspricht damit der Kraftstoffmenge pro erbrachte Arbeitseinheit und wird in g/kWh angegeben. Die Bilder 16 und 17 zeigen typische Werte des spezifischen Kraftstoffverbrauchs im homogenen, fremdgezündeten Betriebskennfeld eines Ottomotors ohne und mit Aufladung.

Kraftstoffversorgung

Überblick

Aufgabe des Kraftstoffversorgungssystems ist es, den Kraftstoff vom Tank in definierter Menge mit einem spezifizierten Druck zum Verbrennungsmotor im Motorraum zu fördern. Die jeweilige Schnittstelle bildet beim Motor mit Saugrohreinspritzung (SRE) der Kraftstoffverteiler mit den Saugrohr-Einspritzventilen und beim Motor mit Benzin-Direkteinspritzung (BDE) die Hochdruckpumpe.

Der grundsätzliche Aufbau der Kraftstoffversorgungssysteme ist für beide Einspritzarten ähnlich: der Kraftstoff wird aus dem Tank (dem Kraftstoffspeicher) mittels einer Elektrokraftstoffpumpe durch Kraftstoffleitungen aus Stahl oder Kunststoff zum Motor gefördert. Unterschiedliche Anforderungen führen aber zum Teil zu abweichenden Systemauslegungen und einer Vielfalt an Varianten.

Bei der Saugrohreinspritzung fördert eine Elektrokraftstoffpumpe den Kraftstoff aus dem Tank über die Leitungen und den Kraftstoffverteiler (auch Kraftstoff-Rail genannt) direkt zu den Einspritzventilen. Bei der Benzin-Direkteinspritzung wird der Kraftstoff ebenfalls mit einer Elektrokraftstoffpumpe aus dem Tank gefördert, anschließend wird er jedoch durch eine Hochdruckpumpe zunächst auf einen höheren Druck verdichtet und danach den Hochdruck-Einspritzventilen zugeführt.

Kraftstoffförderung bei Saugrohreinspritzung

Eine Elektrokraftstoffpumpe (EKP) fördert den Kraftstoff und erzeugt den Einspritzdruck, der bei der Saugrohreinspritzung typischerweise etwa 0,3...0,4 MPa (3...4 bar) beträgt. Der aufgebaute Kraftstoffdruck verhindert weitgehend die Bildung von Dampfblasen im Kraftstoffsystem. Ein in die Pumpe integriertes Rückschlagventil unterbindet das Rückströmen von Kraftstoff durch die Pumpe zurück zum Kraftstoffbehälter und erhält so den Systemdruck abhängig vom Abkühlverlauf des Kraftstoffsystems und von internen Leckagen auch nach Abschalten der Elektrokraftstoffpumpe noch einige Zeit aufrecht. So wird die Bildung von Dampfblasen im Kraftstoffsystem bei erhöhten Kraftstofftemperaturen auch nach Abstellen des Motors verhindert.

Es existieren unterschiedliche Arten von Kraftstoffversorgungssystemen. Prinzipiell unterscheidet man vollfördernde und bedarfsgeregelte Systeme. Bei den vollfördernden Systemen wird zwischen Systemen mit Rücklauf vom Motor und rücklauffreien Systemen unterschieden.

System mit Rücklauf

Der Kraftstoff wird von der Kraftstoffpumpe (**Bild 1**, Pos. 2) aus dem Kraftstoffbehälter (1) angesaugt und durch den Kraftstofffilter (3) und die Druckleitung (4) zum am Motor montierten Kraftstoffverteiler (5) gefördert. Über den Kraftstoffverteiler werden die Einspritzventile (7) mit Kraftstoff versorgt. Ein am Rail angebrachter mechanischer Druckregler (6) hält durch seine direkte Referenz zum Saugrohr den Differenzdruck zwischen Einspritzventilen und Saugrohr konstant – unabhängig vom absoluten Saugrohrdruck, d. h. von der Motorlast.

Der vom Motor nicht benötigte Kraftstoff strömt durch das Rail über eine am Druckregler angeschlossene Rücklaufleitung (8) zurück in den Kraftstoffbehälter. Der überschüssige, im Motorraum erwärmte Kraftstoff führt zu einem Anstieg der Kraftstofftemperatur im Tank. Abhängig von dieser Temperatur entstehen Kraftstoffdämpfe. Diese werden umweltschonend über ein Tankentlüftungssystem in einem Aktivkohlefilter zwischengespeichert und über das

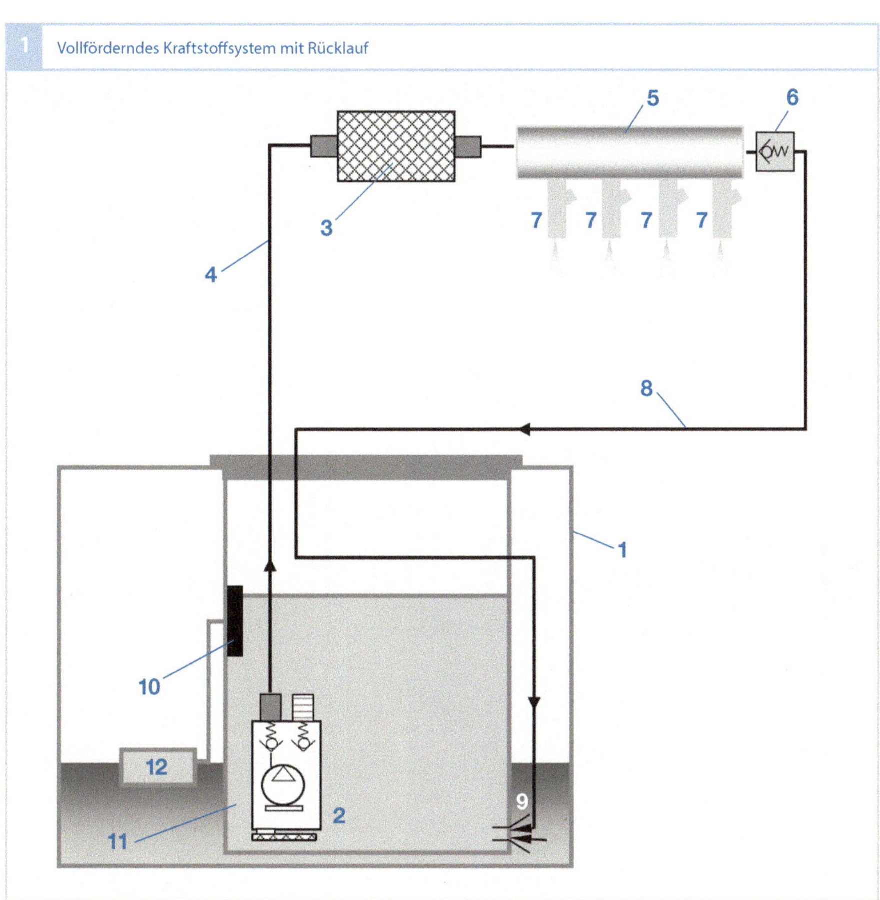

Bild 1
1 Kraftstoffbehälter
2 Elektrokraftstoff-
   pumpe
3 Kraftstofffilter
4 Kraftstoffleitung
5 Kraftstoffverteiler
6 Druckregler
7 Einspritzventile
8 Rücklaufleitung
9 Saugstrahlpumpe
10 Tankfüllstandsgeber
11 Reservoir
12 Schwimmer

Saugrohr der angesaugten Luft und somit dem Motor zugeführt. Mit dem vom motornahen Druckregler (6) zurückströmenden Kraftstoff wird am Tankeinbaumodul eine Saugstrahlpumpe (9, auch Saugstrahl-Düse genannt) angetrieben, mit deren Treibmenge ein Kraftstoff-Förderstrom in ein Reservoir gefördert wird, um der Elektrokraftstoffpumpe (2) unter allen Bedingungen immer ein sicheres Ansaugen zu ermöglichen.

Rücklauffreies System

Beim rücklauffreien Kraftstoffversorgungssystem (Bild 2) befindet sich der Druckregler (6) im Kraftstoffbehälter und ist Bestandteil des Tankeinbaumoduls. Dadurch entfällt die Rücklaufleitung vom Motor zum Kraftstoffbehälter. Da der Druckregler aufgrund seines Anbauorts keine Referenz zum Saugrohrdruck hat, hängt der relative Einspritzdruck, der über dem Einspritzventil abfällt, hier von der Motorlast ab. Dies wird bei der Berechnung der Einspritzzeit im Motorsteuergerät berücksichtigt.

Dem Kraftstoffverteiler (5) wird nur die Kraftstoffmenge zugeführt, die auch einge-

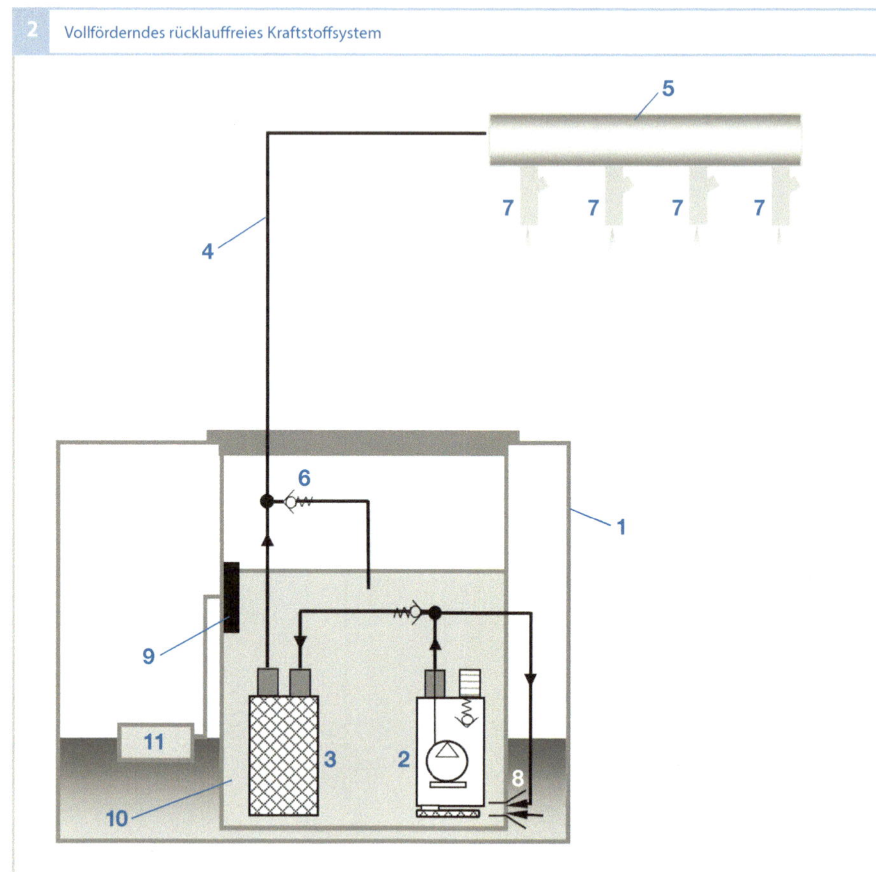

Bild 2

1 Kraftstoffbehälter
2 Elektrokraftstoffpumpe
3 Kraftstofffilter
4 Kraftstoffleitung
5 Kraftstoffverteiler (Rail)
6 Druckregler
7 Einspritzventile
8 Saugstrahlpumpe
9 Tankfüllstandsgeber
10 Reservoir
11 Schwimmer

spritzt wird. Die von der vollfördernden Elektrokraftstoffpumpe (2) geförderte Mehrmenge wird direkt vom tanknahen Druckregler (6) in den Kraftstoffbehälter geleitet, ohne den Umweg über den Motorraum zu nehmen. Daher ist die Erwärmung des Kraftstoffs im Kraftstoffbehälter und damit auch die Kraftstoffverdunstung deutlich geringer als beim System mit Rücklauf. Aufgrund dieser Vorteile werden heute überwiegend rücklauffreie Systeme eingesetzt. Die Saugstrahlpumpe (8) wird in diesem System direkt im Fördermodul aus dem Vorlauf der Elektrokraftstoffpumpe betrieben.

Bedarfsgeregeltes System

Beim bedarfsgeregelten System (**Bild 3**) wird von der Kraftstoffpumpe nur die aktuell vom Motor verbrauchte und zur Einstellung des gewünschten Drucks notwendige Kraftstoffmenge gefördert. Die Druckeinstellung erfolgt über eine modellbasierte Vorsteuerung und einen geschlossenen Regelkreis, wobei der aktuelle Kraftstoffdruck über einen Niederdrucksensor erfasst wird. Der mechanische Druckregler entfällt und wird durch ein Druckbegrenzungsventil ersetzt (Pressure Relief Valve PRV), damit sich auch bei Schubabschaltung oder nach Abstellen des

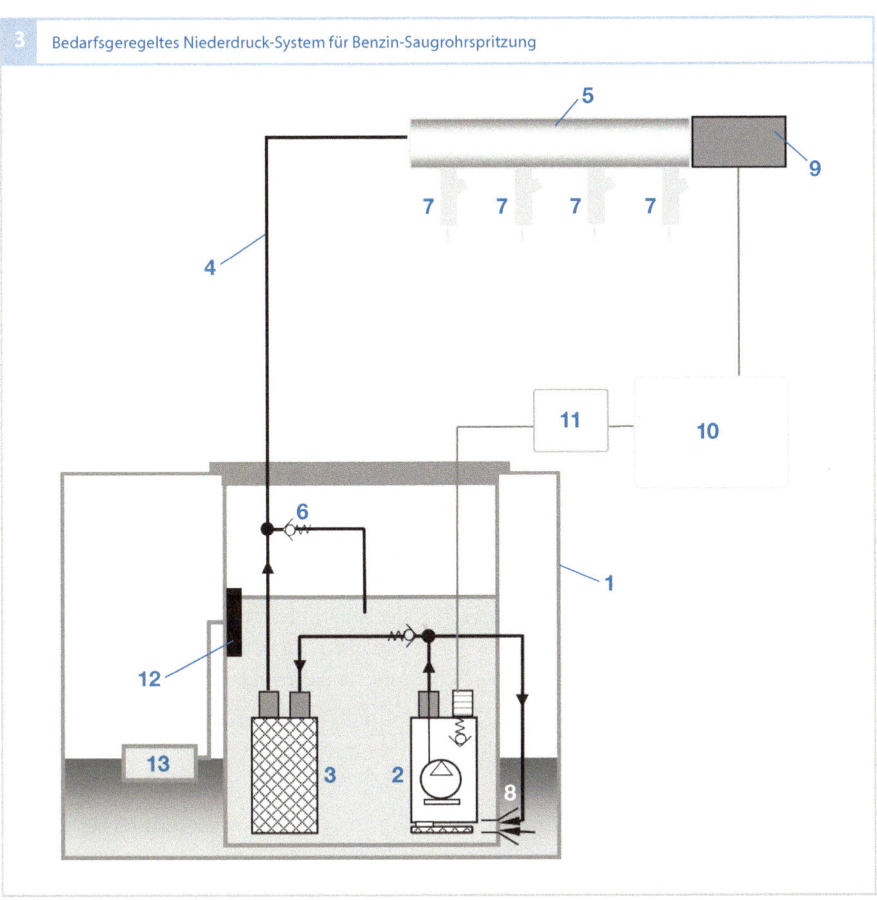

Bild 3
1 Kraftstoffbehälter
2 Elektrokraftstoff-
  pumpe
3 Kraftstofffilter
4 Kraftstoffleitung
5 Kraftstoffverteiler
6 Druckbegrenzungs-
  ventil
7 Einspritzventile
8 Saugstrahlpumpe
9 Kraftstoff-Drucksen-
  sor (für Niederdruck)
10 Motorsteuergerät
11 Pumpenelektronik-
  modul
12 Tankfüllstandsgeber
13 Schwimmer

Motors kein zu hoher Druck aufbauen kann. Zur Einstellung der Fördermenge wird die Betriebsspannung der Kraftstoffpumpe über ein vom Motorsteuergerät angesteuertes Pumpelektronikmodul eingestellt. Der Druck variiert in diesem System zwischen 250 und 600 kPa relativ zur Umgebung, kann aber auch auf einen konstanten Wert eingestellt werden.

Aufgrund der Bedarfsregelung wird kein überschüssiger Kraftstoff komprimiert und somit die Pumpenleistung auf das gerade erforderliche Maß minimiert. Dies führt gegenüber Systemen mit vollfördernder Pumpe zu einer Senkung des Kraftstoffverbrauchs. So kann auch die Kraftstofftemperatur im Tank gegenüber dem rücklauffreien System noch weiter reduziert werden.

Weitere Vorteile des bedarfsgeregelten Systems ergeben sich aus dem variabel einstellbaren Kraftstoffdruck. Zum einen kann der Druck beim Heißstart erhöht werden, um die Bildung von Dampfblasen zu vermeiden. Zum anderen kann vor allem bei Turbomotoren der Zumessbereich der Einspritzventile erweitert werden (durch Einspritzmengenspreizung), indem bei Volllast eine Druckanhebung und bei sehr kleinen

Einspritzart	Saugrohreinspritzung		Benzindirekteinspritzung
Variante	Konstanter Druck	Variabler Druck	Variabler Druck
Druck in kPa	≈ 350	250 ... 600	200 ... 600
Vorteile gegenüber konstanter Fördermenge		– Erweiterter Zumessbereich – Bessere Gemischaufbereitung im Kaltstart	Besserer Heißstart

Tabelle 1
Eigenschaften bedarfsgeregelter Kraftstoffsysteme

Lasten eine Druckabsenkung realisiert wird. Eine zunehmend genutzte Möglichkeit besteht auch darin, den Einspritzdruck beim Kaltstart zu erhöhen, um damit die Zerstäubung und Gemischaufbereitung der Einspritzventile zu verbessern.

Des Weiteren ergeben sich mithilfe des gemessenen Kraftstoffdrucks verbesserte Diagnosemöglichkeiten des Kraftstoffsystems gegenüber bisherigen Systemen. Darüber hinaus führt die Berücksichtigung des aktuellen Kraftstoffdrucks bei der Berechnung der Einspritzzeit zu einer präziseren Kraftstoffzumessung.

Kraftstoffförderung bei Benzin-Direkteinspritzung

Bei der direkten Einspritzung von Kraftstoff in den Brennraum steht im Vergleich zur Einspritzung in das Saugrohr nur ein verkürztes Zeitfenster zur Verfügung. Auch kommt der Gemischaufbereitung eine erhöhte Bedeutung zu. Daher muss der Kraftstoff bei der Direkteinspritzung mit deutlich höherem Druck eingespritzt werden als bei der Saugrohreinspritzung. Das Kraftstoffsystem unterteilt sich in Niederdruckkreislauf und Hochdruckkreislauf.

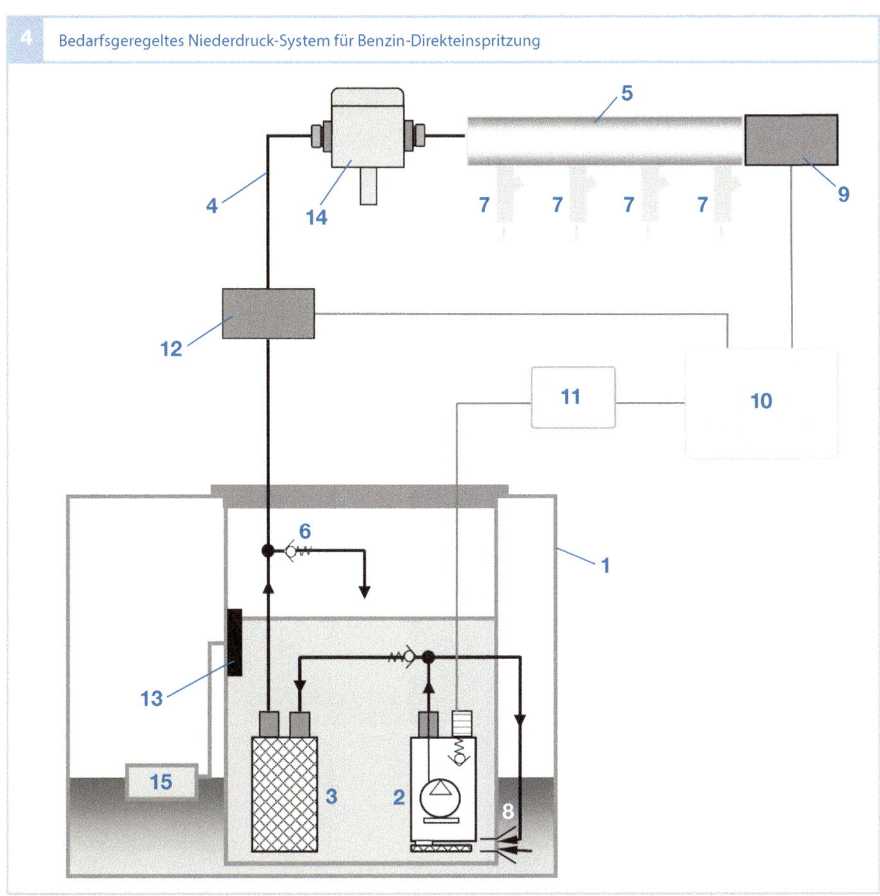

Bild 4
1 Kraftstoffbehälter
2 Elektrokraftstoff-
  pumpe
3 Kraftstofffilter (in-
  tern)
4 Kraftstoffleitung
5 Kraftstoffverteiler
  (Rail)
6 Druckbegrenzungs-
  ventil
7 Hochdruck-Ein-
  spritzventile
8 Saugstrahlpumpe
9 Drucksensor (für
  Hochdruck)
10 Motorsteuergerät
11 Pumpenelektronik-
  modul
12 Drucksensor (für
  Niederdruck)
13 Tankfüllstandsgeber
14 Hochdruckpumpe
15 Schwimmer

Niederdruckkreis

Für den Niederdruckkreislauf eines Systems zur Benzin-Direkteinspritzung kommen im Prinzip die aus der Saugrohreinspritzung bekannten Kraftstoffsysteme und Komponenten zum Einsatz. Da die im Hochdruckkreislauf eingesetzten Hochdruckpumpen zur Vermeidung von Dampfblasenbildung im Heißstart und Heißbetrieb einen erhöhten Vorförderdruck (Vordruck) benötigen, ist es vorteilhaft, Systeme mit variablem Niederdruck einzusetzen. Bedarfsgeregelte Niederdrucksysteme eignen sich hier besonders gut, da sich für jeden Betriebszustand des Motors der jeweils optimale Vordruck für die Hochdruckpumpe einstellen lässt. Die entsprechenden Anforderungen sind in Tabelle 1 dargestellt, eine Realisierung in Bild 4.

Es kommen aber auch noch rücklauffreie Systeme mit umschaltbarem Vordruck – gesteuert über ein Absperrventil – oder Systeme mit konstant hohem Vordruck zum Einsatz, die aber energetisch als nicht optimal zu bewerten sind.

Ottokraftstoffe

Überblick

Seit der Erfindung des Ottomotors haben sich die Anforderungen an Ottokraftstoffe, die umgangssprachlich auch als Benzin bezeichnet werden, erheblich geändert. Die kontinuierliche Weiterentwicklung der Motorentechnik und der Schutz der Umwelt erfordern qualitativ hochwertige Kraftstoffe, damit ein störungsfreier Fahrbetrieb und niedrige Abgasemissionen gewährleistet sind. Anforderungen an die Zusammensetzung und die Eigenschaften des Kraftstoffs sind in Kraftstoffspezifikationen festgelegt, auf die bei der Gesetzgebung referenziert werden kann.

Historische Entwicklung

Die ersten Raffinerien, die im 19. Jahrhundert entstanden, stellten aus Erdöl durch Destillation Petroleum her, welches als Lampenöl Verwendung fand. Ein Abfallprodukt war dabei eine Flüssigkeit, die sich schon bei relativ niedrigen Temperaturen verflüchtigte. Diese Flüssigkeit war in Deutschland unter dem Namen Benzin bekannt. Ebenfalls zu den Benzinen zählt Ligroin, welches bei der Leuchtgasgewinnung durch Kohlevergasung entsteht. Es wurde früher als Waschbenzin eingesetzt.

Der erste Viertakt-Ottomotor aus dem Jahr 1876 lief noch mit Leuchtgas und war bei geringer Leistung relativ schwer. Die in der Folgezeit entwickelten kleinen, schnell laufenden Viertakter für den Einsatz im Automobil wurden für flüssige Kraftstoffe ent-

5   Molekülstrukturen von Kraftstoffkomponenten

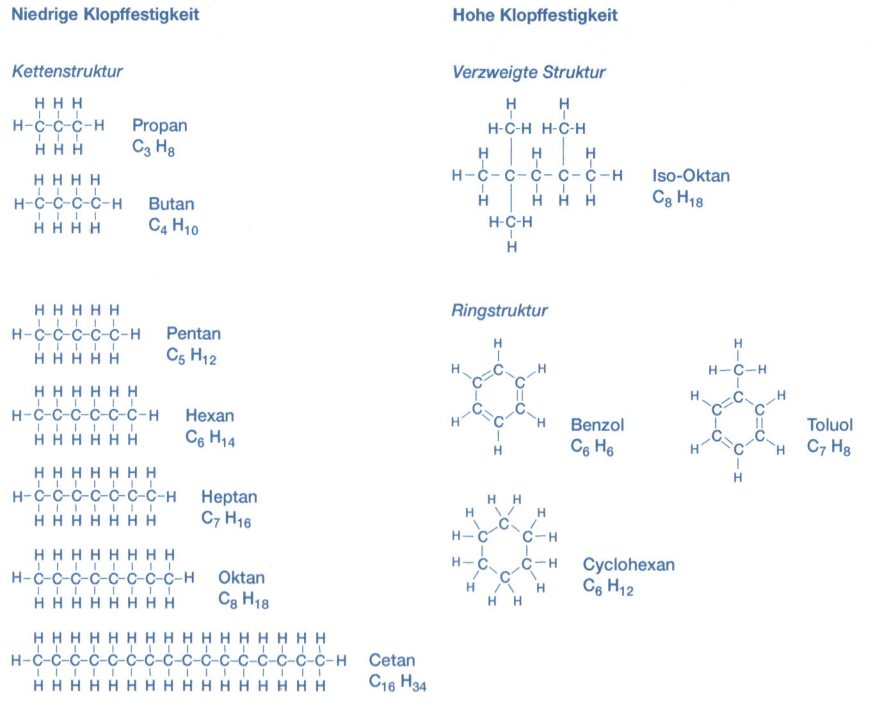

Niedrige Klopffestigkeit

Kettenstruktur

Propan C_3H_8

Butan C_4H_{10}

Pentan C_5H_{12}

Hexan C_6H_{14}

Heptan C_7H_{16}

Oktan C_8H_{18}

Cetan $C_{16}H_{34}$

Hohe Klopffestigkeit

Verzweigte Struktur

Iso-Oktan C_8H_{18}

Ringstruktur

Benzol C_6H_6

Toluol C_7H_8

Cyclohexan C_6H_{12}

wickelt und mit Leichtbenzin, z. B. dem oben genannten Ligroin, betrieben. Erhältlich war Ligroin in der Apotheke. Mit Einführung des Spritzdüsenvergasers war man auch in der Lage, die Motoren mit schwerflüchtigerem Benzin zu betreiben, was die Verfügbarkeit von geeigneten Kraftstoffen bedeutend verbesserte.

Erste Raffinerien speziell für Benzin entstanden ab 1913. Zur Ausbeuteverbesserung bei der Benzinerzeugung wurden chemische Verfahren entwickelt, welche die chemische Zusammensetzung und Eigenschaften des Benzins veränderten. Bereits zu dieser Zeit wurden auch die ersten Additive oder „Qualitätsverbesserer" eingeführt. In den folgenden Jahrzehnten wurden weitere Nachbearbeitungsverfahren zur Erhöhung der Benzinausbeute und der Kraftstoffqualität entwickelt, um den Anforderungen der Umweltgesetzgebung und der Weiterentwicklung der Ottomotoren Rechnung zu tragen.

Kraftstoffsorten und Zusammensetzung

In Deutschland werden zwei Super-Kraftstoffe mit 95 Oktan angeboten, die sich im Ethanolgehalt unterscheiden und maximal 5 Volumenprozent Ethanol (für Super) beziehungsweise 10 Volumenprozent Ethanol (für Super E10) enthalten dürfen. Außerdem ist ein Super-Plus-Kraftstoff mit 98 Oktan erhältlich. Einzelne Anbieter haben ihre Super-Plus-Kraftstoffe durch 100-Oktan-Kraftstoffe (V-Power 100, Ultimate 100, Super 100) ersetzt, die in Grundqualität und durch Zusatz von Additiven verändert sind. Additive sind Wirksubstanzen, die zur Verbesserung von Fahrverhalten und Verbrennung zugesetzt werden.

In den USA wird zwischen Regular (92 Oktan), Premium (94 Oktan) und Premium Plus (98 Oktan) unterschieden; die Kraftstoffe in den USA enthalten in der Regel 10 Volumenprozent Ethanol. Durch den Zusatz sauerstoffhaltiger Komponenten wird die Oktanzahl erhöht und den Anforderungen moderner, immer höher verdichtender Motoren nach besserer Klopffestigkeit Rechnung getragen.

Ottokraftstoffe bestehen zum Großteil aus Paraffinen und Aromaten (Bild 5). Paraffine mit einem rein kettenförmigen Aufbau (n-Paraffine) zeigen zwar eine sehr gute Zündwilligkeit, allerdings auch eine geringe Klopffestigkeit. Iso-Paraffine und Aromaten sind Kraftstoffkomponenten mit hoher Klopffestigkeit. Die meisten Ottokraftstoffe, die heute angeboten werden, enthalten sauerstoffhaltige Komponenten (Oxygenates). Dabei ist insbesondere Ethanol von Bedeutung, da die „EU-Biofuels Directive" Mindestgehalte an erneuerbaren Kraftstoffen vorgibt, die in vielen Staaten mit Bioethanol realisiert werden. Länder wie China, die vorhaben, ihren hohen Kraftstoffbedarf aus Kohle zu decken, werden zukünftig verstärkt auf Methanol setzen. Aber auch die aus Methanol oder Ethanol herstellbaren Ether MTBE (Methyltertiärbutylether) bzw. ETBE (Ethyltertiärbutylether) werden eingesetzt, von denen in Europa derzeit bis zu 22 Volumenprozent zugegeben werden dürfen.

Reformulated Gasoline bezeichnet Ottokraftstoff, der durch eine veränderte Zusammensetzung niedrigere Verdampfungs- und Schadstoffemissionen verursacht als herkömmliches Benzin. Die Anforderungen an Reformulated Gasoline sind in den USA im Clean Air Act von 1990 festgelegt. Es sind z. B. niedrigere Grenzwerte für Dampfdruck, Aromaten- und Benzolgehalt sowie für das Siedeende vorgegeben. Die Zugabe von Additiven zur Reinhaltung des Einlasssystems ist ebenfalls vorgeschrieben.

Herstellung

Bei der Produktion von Kraftstoffen wird zwischen fossilen und regenerativen Verfahren unterschieden (siehe Bild 6). Kraftstoffe werden überwiegend aus fossilem Erdöl hergestellt. Erdgas als zweiter fossiler Energieträger spielt eine untergeordnete Rolle – sowohl in der Direktnutzung als gasförmiger Kraftstoff, als auch als Ausgangsprodukt für die Herstellung von synthetischen paraffinischen Kraftstoffen. Das für die Herstellung synthetischer Kraftstoffe benötigte Synthesegas kann auch aus Kohle erzeugt werden. Kohle als Rohstoff wird allerdings nur unter besonderen politischen und regionalen Randbedingungen eingesetzt. Die Verwendung von Biomasse zur Synthesegaserzeugung befindet sich noch im Versuchsstadium. Aus dem Synthesegas werden an Katalysatoren in der Fischer-Tropsch-Synthese paraffinische Kohlenwasserstoffmoleküle verschiedener Kettenlänge aufgebaut, die für die Zumischung zu Kraftstoffen oder für den direkten motorischen Einsatz chemisch noch weiter modifiziert werden müssen.

Die Herstellung von Biokraftstoffen gewinnt zunehmend an Bedeutung, wobei im Wesentlichen drei Verfahren genutzt werden. Die direkte Vergärung von Biomasse führt zu Biogas. Bioethanol erhält man durch Vergärung zucker- oder stärkehaltiger Agrarfrüchte. Pflanzliche Öle oder tierische Fette können entweder zu Biodiesel umgeestert oder durch Hydrierung in paraffinische Kraftstoffe (hydriertes Pflanzenöl, Hydro-Treated Vegetable Oil HVO) umgewandelt werden.

Konventionelle Kraftstoffe

Erdöl ist ein Gemisch aus einer Vielzahl von Kohlenwasserstoffen und wird in Raffinerien verarbeitet. Benzin, Kerosin, Dieselkraftstoff und Schweröle sind typische Raffinerieprodukte, deren Mengenverhältnis durch die technische Ausstattung der Raffinerie bestimmt wird und nur eingeschränkt einer sich ändernden Marktnachfrage angepasst werden kann. Bei der Destillation des Erdöls wird das Gemisch an Kohlenwasserstoffen in Gruppen (Fraktionen) ähnlicher Molekülgröße aufgetrennt. Bei der Destillation unter Atmosphärendruck werden die leicht siedenden Anteile wie Gase, Benzine und Mitteldestillat abgetrennt. Eine Vakuumdestillation des Rückstandes liefert leichtes und schweres Vakuumgasöl, die die Grundlage für Diesel und leichtes Heizöl bilden. Der bei der „Vakuumdestillation" verbleibende

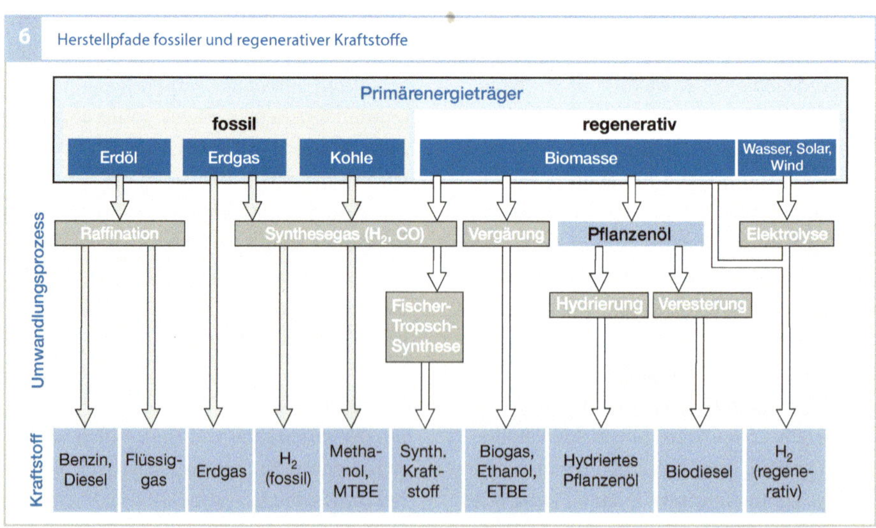

Anforderungen	Einheit	Spezifikationswert	
Klopffestigkeit		Minimalwert	Maximalwert
Research-Oktanzahl Super	–	95	–
Motor-Oktanzahl Super	–	85	–
Research-Oktanzahl Super Plus (für Deutschland)	–	98	–
Motor-Oktanzahl Super Plus (für Deutschland)	–	88	–
Dichte (bei 15 °C)	kg/m³	720	775
Ethanolgehalt für E5	Volumenprozent	–	5,0
Ethanolgehalt für E10	Volumenprozent	–	10,0
Methanolgehalt	Volumenprozent	–	3,0
Sauerstoffgehalt für E5	Massenprozent	–	2,7
Sauerstoffgehalt für E10	Massenprozent	–	3,7
Benzol	Volumenprozent	–	1,0
Schwefelgehalt	mg/kg	–	10,0
Blei	mg/l	–	5,0
Mangangehalt bis 2013	mg/l	–	6,0
Mangangehalt ab 2014	mg/l	–	2,0
Flüchtigkeit			
Dampfdruck im Sommer	kPa	45	60
Dampfdruck im Winter (für Deutschland)	kPa	60	90
Verdampfte Menge bei 70 °C im Sommer	Volumenprozent	20 (22 für E10)	48 (50 für E10)
Verdampfte Menge bei 70 °C im Winter	Volumenprozent	22 (24 für E10)	50 (52 für E10)
Verdampfte Menge bei 100 °C	Volumenprozent	46	71 (72 für E10)
Verdampfte Menge bei 150 °C	Volumenprozent	75	–
Siedeende	°C	–	210

Tabelle 2
Ausgewählte Anforderungen an Ottokraftstoffe gemäß DIN EN 228

Rückstand wird zu schwerem Heizöl und Bitumen verarbeitet.

Die aus der Destillation hervorgehenden Mengen an unterschiedlichen Produktfraktionen entsprechen weder den Markterfordernissen, noch wird die erforderliche Produktqualität erreicht. Größere Kohlenwasserstoffmoleküle können durch Cracken mit Wasserstoff (Hydrocracken) oder in Gegenwart von Katalysatoren weiter aufgespalten werden. Bei Umwandlungen im Reformer entstehen aus linearen Kohlenwasserstoffen verzweigte Moleküle, die bei Ottokraftstoffen zur Erhöhung der Oktanzahl beitragen. Bei der Raffination im Hydrofiner wird im Wesentlichen der Schwefel entfernt. Alkohole und viele Additive werden dem Kraftstoff erst am Ende der Raffinerieprozesse zugesetzt.

Alkohole und Ether

Herstellung aus Zucker und Stärke
Bioethanol kann aus allen zucker- und stärkehaltigen Produkten gewonnen werden und ist der weltweit am meisten produzierte Biokraftstoff. Zuckerhaltige Pflanzen (Zucker-

rohr, Zuckerrüben) werden mit Hefe fermentiert, der Zucker wird dabei zu Ethanol vergoren. Bei der Bioethanolgewinnung aus Stärke werden Getreide wie Mais, Weizen oder Roggen mit Enzymen vorbehandelt, um die langkettigen Stärkemoleküle teilzuspalten. Bei der anschließenden Verzuckerung erfolgt eine Spaltung in Dextrosemoleküle mit Hilfe von Glucoamylase. Durch Fermentation mit Hefe wird in einem weiteren Prozessschritt Bioethanol erzeugt.

Herstellung aus Lignocellulose
Die Verfahren, die Bioethanol aus Lignocellulose herstellen, stehen großtechnisch noch nicht zur Verfügung, haben aber den Vorteil, dass die ganze Pflanze verwendet werden kann und nicht nur der zucker- oder stärkehaltige Anteil. Lignocellulose, die das Strukturgerüst der pflanzlichen Zellwand bildet und als Hauptbestandteile Lignin, Hemicellulosen und Cellulose enthält, muss chemisch oder enzymatisch aufgespalten werden. Wegen des neuartigen Ansatzes spricht man auch von Bioethanol der 2. Generation.

Herstellung aus Synthesegas
Methanol wird in katalytischen Verfahren aus Synthesegas, einem Gemisch von Kohlenmonoxid und Wasserstoff, hergestellt. Das zur Produktion erforderliche Synthesegas wird im Wesentlichen nicht regenerativ, sondern aus fossilen Energieträgern wie Kohle und Erdgas erzeugt und leistet keinen Beitrag zur Reduzierung der CO_2-Emissionen. Wird Synthesegas hingegen aus Biomasse gewonnen, kann daraus „Biomethanol" hergestellt werden.

Herstellung der Ether
Methyltertiärbutylether (MTBE) und Ethyltertiärbutylether (ETBE) werden durch säurekatalysierte Addition von Methanol bzw. Ethanol an Isobuten hergestellt. Die Ether, die einen niedrigeren Dampfdruck, einen

höheren Heizwert und eine höhere Oktanzahl als Ethanol haben, sind chemisch stabile Komponenten mit guter Materialverträglichkeit. Sie haben daher sowohl aus logistischer als auch motorischer Sicht Vorteile gegenüber der Verwendung von Alkoholen als Blendkomponente. Aus Gründen der Nachhaltigkeit wird überwiegend ETBE aus Bioethanol eingesetzt.

Normung
Die europäische Norm EN 228 (Tabelle 2) definiert die Anforderungen für bleifreies Benzin zur Verwendung in Ottomotoren. In den nationalen Anhängen sind weitere, länderspezifische Kennwerte festgelegt. Verbleite Ottokraftstoffe sind in Europa nicht zugelassen. In den USA sind Ottokraftstoffe in der Norm ASTM D 4814 (American Society for Testing and Materials) spezifiziert.

Bioethanol ist aufgrund seiner Eigenschaften sehr gut zur Beimischung in Ottokraftstoffen geeignet, insbesondere, um die Oktanzahl von reinem mineralölbasiertem Ottokraftstoff anzuheben.

Nachdem der Ethanolgehalt in der europäischen Ottokraftstoffnorm EN 228 lange auf 5 Volumenprozent (E5) begrenzt war, enthält die Ausgabe von 2013 an erster Stelle eine Spezifikation für 10 Volumenprozent Ethanol (E10). Im europäischen Markt sind derzeit noch nicht alle Fahrzeuge mit Materialien ausgerüstet, die einen Betrieb mit E10 erlauben. Als zweite Qualität wird deshalb eine Bestandschutzsorte mit einem maximalen Ethanolgehalt von 5 Volumenprozent beibehalten.

Nahezu alle Ottokraftstoffnormen erlauben die Zugabe von Ethanol als Blendkomponente. In den USA enthält der überwiegende Anteil der Ottokraftstoffe 10 Volumenprozent Ethanol (E10).

Bioethanol kann in Ottomotoren von Flexible-Fuel-Fahrzeugen (FFV, Flexible Fuel Vehicles) auch als Reinkraftstoff (z. B. in Brasilien) verwendet werden. Diese Fahrzeuge können sowohl mit Ottokraftstoff als auch mit jeder Mischung aus Ottokraftstoff und Ethanol betrieben werden. Um einen Kaltstart bei tiefen Temperaturen zu gewährleisten, wird die maximale Ethanolkonzentration (von 85 % im Sommer) im Winter entsprechend der Anforderungen auf 50–85 % reduziert. Die Qualität von E85 ist für Europa in der technischen Spezifikation CEN/TS 15293 und in den USA in der ASTM D 5798 definiert.

In Brasilien werden Ottokraftstoffe grundsätzlich nur als Ethanolkraftstoffe angeboten, überwiegend mit einem Ethanolanteil von 18…26 Volumenprozent, aber auch als reines Ethanol (E100, das etwa 7 % Wasser enthält). In China kommt neben E10 auch Methanol-Kraftstoff zum Einsatz. Für konventionelle Ottomotoren liegt die Obergrenze bei 15 % Methanol (M15). Aufgrund negativer Erfahrungen mit Methanolkraftstoffen während der Ölkrise 1973 und auch wegen der Toxizität ist man in Deutschland von der Verwendung von Methanol als Blendkomponente wieder abgekommen. Weltweit betrachtet werden derzeit nur vereinzelt Methanolbeimengungen durchgeführt, dann meist mit einem Anteil von maximal 3 % (M3).

Physikalisch-chemische Eigenschaften

Schwefelgehalt

Zur Minderung der SO_2-Emissionen und zum Schutz der Katalysatoren zur Abgasnachbehandlung wurde der Schwefelgehalt von Ottokraftstoffen ab 2009 europaweit auf 10 mg/kg begrenzt. Kraftstoffe, die diesen Grenzwert einhalten, werden als „schwefelfreie Kraftstoffe" bezeichnet. Damit ist die letzte Stufe der Entschwefelung von Kraftstoffen erreicht. Vor 2009 war in Europa nur noch schwefelarmer Kraftstoff (Schwefelgehalt unter 50 mg/kg) zugelassen, der Anfang 2005 eingeführt wurde. Deutschland hat bei der Entschwefelung eine Vorreiterrolle übernommen und bereits 2003 durch steuerliche Maßnahmen schwefelfreie Kraftstoffe etabliert. In den USA liegt seit 2006 der Grenzwert für den Schwefelgehalt von kommerziell für den Endverbraucher erhältlichen Ottokraftstoffen bei max. 80 mg/kg, wobei zusätzlich ein Durchschnittswert von 30 mg/kg für die Gesamtmenge des verkauften und importierten Kraftstoffs nicht überschritten werden darf. Einzelne Bundesstaaten, z. B. Kalifornien, haben niedrigere Grenzwerte festgelegt.

Heizwert

Für den Energieinhalt von Kraftstoffen wird üblicherweise der spezifische Heizwert H_u (früher als unterer Heizwert bezeichnet) angegeben; er entspricht der bei vollständiger Verbrennung freigesetzten nutzbaren Wärmemenge. Der spezifische Brennwert H_o (früher als oberer Heizwertbezeichnet) hingegen gibt die gesamte freigesetzte Reaktionswärme an und umfasst damit neben der nutzbaren Wärme auch die im entstehenden Wasserdampf gebundene Wärme (latente Wärme). Dieser Anteil wird jedoch im Fahrzeug nicht genutzt. Der spezifische Heizwert H_u von Ottokraftstoff beträgt 40,1…41,8 MJ/kg. Sauerstoffhaltige Kraftstoffe oder Kraftstoffkomponenten (Oxygenates) wie Alkohole und Ether haben einen geringeren Heizwert als reine Kohlenwasserstoffe, weil der in ihnen gebundene Sauerstoff nicht an der Verbrennung teilnimmt. Eine mit üblichen Kraftstoffen vergleichbare Motorleistung führt daher zu einem höheren Kraftstoffverbrauch.

Gemischheizwert

Der Heizwert des brennbaren Luft-Kraftstoff-Gemischs bestimmt die Leistung des Motors. Der Gemischheizwert liegt bei stöchiometrischem Luft-Kraftstoff-Verhältnis für alle flüssigen Kraftstoffe und Flüssiggase bei ca. 3,5…3,7 MJ/m^3.

Dichte

Die Dichte von Ottokraftstoffen ist in der Norm EN 228 auf 720...775 kg/m^3 begrenzt.

Klopffestigkeit

Die Oktanzahl kennzeichnet die Klopffestigkeit eines Ottokraftstoffs. Je höher die Oktanzahl ist, desto klopffester ist der Kraftstoff. Dem sehr klopffesten Iso-Oktan (Trimethylpentan) wird die Oktanzahl 100, dem sehr klopffreudigen n-Heptan die Oktanzahl 0 zugeordnet. Die Oktanzahl eines Kraftstoffs wird in einem genormten Prüfmotor bestimmt: Der Zahlenwert entspricht dem Anteil (in Volumenprozent) an Iso-Oktan in einem Gemisch aus Iso-Oktan und n-Heptan mit dem gleichen Klopfverhalten wie der zu prüfende Kraftstoff.

Die Research-Oktanzahl (ROZ) nennt man die nach der Research-Methode [3] bestimmte Oktanzahl. Sie kann als maßgeblich für das Beschleunigungsklopfen angesehen werden. Die Motor-Oktanzahl (MOZ) nennt man die nach der Motor-Methode [2] bestimmte Oktanzahl. Sie beschreibt vorwiegend die Eigenschaften hinsichtlich des Hochgeschwindigkeitsklopfens. Die Motor-Methode unterscheidet sich von der Research-Methode durch Gemischvorwärmung, höhere Drehzahl und variable Zündzeitpunkteinstellung, wodurch sich eine höhere thermische Beanspruchung des zu untersuchenden Kraftstoffs ergibt. Die MOZ-Werte sind niedriger als die ROZ-Werte.

Erhöhen der Klopffestigkeit

Normales Destillat-Benzin hat eine niedrige Klopffestigkeit. Erst durch Vermischen mit verschiedenen klopffesten Raffineriekomponenten (katalytische Reformate, Isomerisate) ergeben sich für moderne Motoren geeignete Kraftstoffe mit hoher Oktanzahl. Durch Zusatz von sauerstoffhaltigen Komponenten wie Alkoholen und Ethern kann die Klopffestigkeit erhöht werden. Metallhaltige Additve zur Erhöhung der Oktanzahl, z.B. MMT (Methylcyclopentadienyl Mangan Tricarbonyl) bilden Asche während der Verbrennung. Die Zugabe von MMT wird deshalb in der EN 228 durch einen Grenzwert für Mangan im Spurenbereich ausgeschlossen.

Flüchtigkeit

Die Flüchtigkeit von Ottokraftstoff ist nach oben und nach unten begrenzt. Auf der einen Seite sollen genügend leichtflüchtige Komponenten enthalten sein, um einen sicheren Kaltstart zu gewährleisten. Auf der anderen Seite darf die Flüchtigkeit nicht so hoch sein, dass es bei höheren Temperaturen zur Unterbrechung der Kraftstoffzufuhr durch Gasblasenbildung (Vapour-Lock) und in der Folge zu Problemen beim Fahren oder beim Heißstart kommt. Darüber hinaus sollen die Verdampfungsverluste zum Schutz der Umwelt gering gehalten werden.

Die Flüchtigkeit des Kraftstoffs wird durch verschiedene Kenngrößen beschrieben. In der Norm EN 228 sind für E5 und E10 jeweils zehn verschiedene Flüchtigkeitsklassen spezifiziert, die sich in Siedeverlauf, Dampfdruck und dem Vapour-Lock-Index (VLI) unterscheiden. Die einzelnen Nationen können, je nach den spezifischen klimatischen Gegebenheiten, einzelne dieser Klassen in ihren nationalen Anhang übernehmen. Für Sommer und Winter werden unterschiedliche Werte in der Norm festgelegt.

Siedeverlauf

Für die Beurteilung des Kraftstoffs im Fahrzeugbetrieb sind die einzelnen Bereiche der Siedekurve getrennt zu betrachten. In der Norm EN 228 sind deshalb Grenzwerte für den verdampften Anteil bei 70 °C, bei 100 °C und bei 150 °C festgelegt. Der bis 70 °C verdampfte Kraftstoff muss einen Mindestanteil erreichen, um ein leichtes Starten des kalten

Motors zu gewährleisten (das war vor allem früher wichtig für Vergaserfahrzeuge). Der verdampfte Anteil darf aber auch nicht zu groß sein, weil es sonst im heißen Zustand zu Dampfblasenbildung kommen kann. Der bei 100 °C verdampfte Kraftstoffanteil bestimmt neben dem Anwärmverhalten v. a. Betriebsbereitschaft und Beschleunigungsverhalten des warmen Motors. Das bis 150 °C verdampfte Volumen soll nicht zu niedrig liegen, um eine Motorölverdünnung zu vermeiden. Besonders bei kaltem Motor verdampfen die schwerflüchtigen Komponenten des Ottokraftstoffs schlecht und können aus dem Brennraum über die Zylinderwände ins Motoröl gelangen.

Dampfdruck

Der bei 37,8 °C (100 °F) nach EN 13016-1 gemessene Dampfdruck von Kraftstoffen ist in erster Linie eine Kenngröße, mit der die sicherheitstechnischen Anforderungen im Fahrzeugtank definiert werden. Der Dampfdruck wird in allen Spezifikationen nach unten und oben limitiert. Er beträgt z. B. für Deutschland im Sommer maximal 60 kPa und im Winter maximal 90 kPa. Für die Auslegung einer Einspritzanlage ist die Kenntnis des Dampfdrucks auch bei höheren Temperaturen (80...100 °C) wichtig, da sich ein Anstieg des Dampfdrucks durch Alkoholzumischung insbesondere bei höheren Temperaturen zeigt. Steigt der Dampfdruck des Kraftstoffs z. B. während des Fahrzeugbetriebs durch Einfluss der Motortemperatur über den Systemdruck der Einspritzanlage, kann es zu Funktionsstörungen durch Dampfblasenbildung kommen.

Dampf-Flüssigkeits-Verhältnis

Das Dampf-Flüssigkeits-Verhältnis (DFV) ist ein Maß für die Neigung eines Kraftstoffs zur Dampfbildung. Als Dampf-Flüssigkeits-Verhältnis wird das aus einer Kraftstoffeinheit entstandene Dampfvolumen bei definiertem Gegendruck und definierter Temperatur bezeichnet. Sinkt der Gegendruck (z. B. bei Bergfahrten) oder erhöht sich die Temperatur, so steigt das Dampf-Flüssigkeits-Verhältnis, wodurch Fahrstörungen verursacht werden können. In der Norm ASTM D 4814 wird z. B. für jede Flüchtigkeitsklasse eine Temperatur definiert, bei der ein Dampf-Flüssigkeits-Verhältnis von 20 nicht überschritten werden darf.

Vapor-Lock-Index

Der Vapour-Lock-Index (VLI) ist die rechnerisch ermittelte Summe des zehnfachen Dampfdrucks (in kPa bei 37,8 °C) und der siebenfachen Menge des bis 70 °C verdampften Volumenanteils des Kraftstoffs. Mit diesem zusätzlichen Grenzwert kann die Flüchtigkeit des Kraftstoffes weiter eingeschränkt werden, mit der Folge, dass bei dessen Herstellung nicht beide Maximalwerte von Dampfdruck und Siedekennwerten gleichzeitig realisiert werden können.

Besonderheiten bei Alkoholkraftstoffen
Der Zusatz von Alkoholen ist mit einer Erhöhung der Flüchtigkeit insbesondere bei höheren Temperaturen verbunden. Außerdem kann Alkohol Materialien im Kraftstoffsystem schädigen, z. B. zu Elastomerquellung führen und Alkoholatkorrosion an Aluminiumteilen auslösen. In Abhängigkeit vom Alkoholgehalt und von der Temperatur kann es selbst bei Zutritt von nur geringen Mengen an Wasser zur Entmischung kommen. Bei der Phasentrennung geht Alkohol aus dem Kraftstoff in eine zweite wässrige Alkoholphase über. Das Problem der Entmischung besteht bei den Ethern nicht.

Additive
Additive können zur Verbesserung der Kraftstoffqualität zugesetzt werden, um Verschlechterungen im Fahrverhalten und in

der Abgaszusammensetzung während des Fahrzeugbetriebs entgegenzuwirken. Eingesetzt werden meist Pakete aus Einzelkomponenten mit verschiedenen Wirkungen. Sie müssen in ihrer Zusammensetzung und Konzentration sorgfältig abgestimmt und erprobt sein und dürfen keine negativen Nebenwirkungen haben.

In der Raffinerie erfolgt eine Basisadditivierung zum Schutz der Anlagen und zur Sicherstellung einer Mindestqualität der Kraftstoffe. An den Abfüllstationen der Raffinerie können beim Befüllen der Tankwagen markenspezifische Multifunktionsadditive zur weiteren Qualitätsverbesserung zugegeben werden (Endpunktdosierung). Eine nachträgliche Zugabe von Additiven in den Fahrzeugtank birgt bei Unverträglichkeit das Risiko von technischen Störungen.

Detergentien

Die Reinhaltung des gesamten Einlasssystems (Einspritzventile, Einlassventile) ist eine wichtige Voraussetzung für den Erhalt der im Neuzustand optimierten Gemischeinstellung und -aufbereitung und somit grundlegend für einen störungsfreien Fahrbetrieb und die Schadstoffminimierung im Abgas. Aus diesem Grund sollten dem Kraftstoff wirksame Reinigungsadditive (Detergentien) zugesetzt sein.

Korrosionsinhibitoren

Der Eintrag von Wasser kann zu Korrosion im Kraftstoffsystem führen. Durch den Zusatz von Korrosionsinhibitoren, die sich als dünner Film auf der Metalloberfläche anlagern, kann Korrosion wirksam unterbunden werden.

Oxidationsstabilisatoren

Die den Kraftstoffen zugesetzten Alterungsschutzmittel (Antioxidantien) erhöhen die Lagerstabilität. Sie verhindern eine rasche Oxidation durch Luftsauerstoff.

Metalldesaktivatoren

Einzelne Additive haben auch die Eigenschaft, durch Bildung stabiler Komplexe die katalytische Wirkung von Metallionen zu deaktivieren.

Gasförmige Kraftstoffe

Erdgas

Der Hauptbestandteil von Erdgas ist Methan (CH_4) mit einem Mindestanteil von 80 %. Weitere Bestandteile sind Inertgase wie Kohlendioxid oder Stickstoff und kurzkettige Kohlenwasserstoffe. Auch Sauerstoff und Wasserstoff sind enthalten. Erdgas ist weltweit verfügbar und erfordert nach der Förderung nur einen relativ geringen Aufwand zur Aufbereitung. Je nach Herkunft variiert jedoch die Zusammensetzung des Erdgases, wodurch sich Schwankungen bei Dichte, Heizwert und Klopffestigkeit ergeben. Die Eigenschaften von Erdgas als Kraftstoff sind für Deutschland in der Norm DIN 51624 festgelegt. Ein europäischer Standard für Erdgas, der auch die Qualitätsanforderungen an Biomethan berücksichtigt, ist in Bearbeitung.

Biomethan lässt sich aus Biomasse, z. B. aus Jauche, Grünschnitt oder Abfällen gewinnen und weist bei der Verbrennung im Vergleich zu fossilem Erdgas deutlich reduzierte CO_2-Gesamtemissionen auf. Für die Erzeugung von Methan durch Elektrolyse von Wasser mit Strom aus erneuerbaren Energien und Umsetzung des erzeugten Wasserstoffs H_2 mit Kohlendioxid CO_2 gibt es erste Pilotanlagen.

Erdgas wird entweder gasförmig komprimiert (CNG, Compressed Natural Gas) bei einem Druck von 200 bar gespeichert oder es befindet sich als verflüssigtes Gas (LNG, Liquid Natural Gas) bei −162 °C in einem kältefesten Tank. Verflüssigtes Gas benötigt nur ein Drittel des Speichervolumens von komprimiertem Erdgas, die Speicherung erfordert jedoch einen hohen Energieaufwand zur Verflüssigung. Deshalb wird Erdgas an den Erdgas-Tankstellen in Deutschland fast ausschließlich in komprimierter Form angeboten. Erdgasfahrzeuge zeichnen sich durch niedrige CO_2-Emissionen aus, bedingt durch den geringeren Kohlenstoffanteil des Erdgases im Vergleich zum flüssigen Ottokraftstoff. Das Wasserstoff-Kohlenstoff-Verhältnis von Erdgas beträgt ca. 4 : 1, das von Benzin hingegen 2,3 : 1. Bedingt durch den geringeren Kohlenstoffanteil des Erdgases entsteht bei seiner Verbrennung weniger CO_2 und mehr H_2O als bei Benzin. Ein auf Erdgas eingestellter Ottomotor erzeugt schon ohne weitere Optimierung ca. 25 % weniger CO_2-Emissionen als ein Benzinmotor (bei vergleichbarer Leistung). Durch die sehr hohe Klopffestigkeit des Erdgases von bis zu 130 ROZ (im Vergleich dazu liegt Benzin bei 91…100 ROZ) eignet sich der Erdgasmotor ideal zur Turboaufladung und lässt eine Erhöhung des Verdichtungsverhältnisses zu.

Flüssiggas

Flüssiggas (LPG, Liquid Petroleum Gas, auch als Autogas bezeichnet) fällt bei der Gewinnung von Rohöl an und entsteht bei verschiedenen Raffinerieprozessen. Es ist ein Gemisch aus den Hauptkomponenten Propan und Butan. Es lässt sich bei Raumtemperatur unter vergleichsweise niedrigem Druck verflüssigen. Durch den geringeren Kohlenstoffanteil gegenüber Benzin entstehen bei der Verbrennung ca. 10 % weniger CO_2. Die Oktanzahl beträgt ca. 100…110 ROZ. Die Anforderungen an Flüssiggas für den Einsatz in Kraftfahrzeugen sind in der europäischen Norm EN 589 festgelegt.

Wasserstoff

Wasserstoff kann durch chemische Verfahren aus Erdgas, Kohle, Erdöl oder aus Biomasse sowie durch Elektrolyse von Wasser erzeugt werden. Heute wird Wasserstoff überwiegend großindustriell durch Dampfreformierung aus Erdgas gewonnen. Bei diesem Verfahren wird CO_2 freigesetzt, sodass sich insgesamt nicht zwangsläufig ein CO_2-Vorteil gegenüber Benzin, Diesel oder der direkten Verwendung von Erdgas im Verbrennungsmotor ergibt. Eine Verringerung der CO_2-Emissionen ergibt sich dann, wenn der Wasserstoff regenerativ aus Biomasse oder durch Elektrolyse aus Wasser hergestellt wird, sofern dafür regenerativ erzeugter Strom eingesetzt wird. Lokal treten bei der Verbrennung von Wasserstoff im Motor keine CO_2-Emissionen auf.

Speicherung

Wasserstoff hat zwar eine sehr hohe gewichtsbezogene Energiedichte (ca. 120 MJ/kg, sie ist damit fast dreimal so hoch wie die von Benzin), die volumenbezogene Energiedichte ist jedoch wegen der geringen spezifischen Dichte sehr gering. Für die Speicherung bedeutet dies, dass der Wasserstoff entweder unter Druck (bei 350…700 bar) oder durch Verflüssigung (Kryogenspeicherung bei −253 °C) komprimiert werden muss, um ein akzeptables Tankvolumen zu erzielen. Eine weitere Möglichkeit ist die Speicherung als Hydrid.

Einsatz im Kfz

Wasserstoff kann sowohl in Brennstoffzellenantrieben als auch direkt in Verbrennungsmotoren eingesetzt werden. Langfristig wird der Schwerpunkt bei der Nutzung in Brennstoffzellen erwartet. Hier wird ein besserer Wirkungsgrad als beim H_2-Verbrennungsmotor erreicht.

Literatur

[1] DIN EN 228: Januar 2013, Unverbleite Ottokraftstoffe – Anforderungen und Prüfverfahren

[2] EN ISO 5163:2005, Bestimmung der Klopffestigkeit von Otto und Flugkraftstoffen – Motor-Verfahren

[3] EN ISO 5164:2005, Bestimmung der Klopffestigkeit von Ottokraftstoffen – Research-Verfahren

Füllungssteuerung

Bei einem mit definiertem Luft-Kraftstoff-Verhältnis λ homogen betriebenen Ottomotor werden Drehmoment und Leistung von der zugeführten Luftmasse bestimmt. Damit λ genau eingehalten werden kann, wird die zugeführte Luftmasse exakt gemessen, die zu λ passende Einspritzmenge Kraftstoff berechnet und zugemessen.

Elektronische Motorleistungssteuerung

Für die Verbrennung des Kraftstoffs ist Sauerstoff erforderlich, den der Motor aus der angesaugten Luft bezieht. Bei Motoren mit äußerer Gemischbildung (Saugrohreinspritzung) und auch bei Motoren mit Benzin-Direkteinspritzung im Homogenbetrieb ist das abgegebene Motordrehmoment direkt abhängig von der angesaugten Luftmasse. Zur Einstellung einer definierten Luftfüllung muss die Luftzufuhr zum Motor gedrosselt werden.

Aufgabe und Arbeitsweise

Das vom Fahrer geforderte Drehmoment ergibt sich aus der Stellung des Fahrpedals. Bei Einsatz einer elektronischen Motorleistungssteuerung und einem elektronischen Gaspedal (EGAS-System) erfasst ein Positionssensor im Fahrpedalmodul (Bild 1, Pos. 1) diese Größe. Weitere Drehmomentanforderungen ergeben sich aus funktionalen Anforderungen wie z. B. ein zusätzliches Drehmoment bei eingeschalteter Klimaanlage oder eine Drehmomentreduzierung beim Schaltvorgang.

Das Motorsteuergerät (2) – z. B. ME-Motronic für Systeme mit Saugrohreinspritzung oder DI-Motronic für Benzin-Direkteinspritzung – berechnet aus dem einzustellenden Drehmoment die notwendige Luftmasse und erzeugt die Ansteuersignale für die elek-

trisch betätigte Drosselklappe (5). Dadurch wird der Öffnungsquerschnitt und damit der vom Ottomotor angesaugte Luftmassenstrom eingestellt. Der Drosselklappenwinkelsensor (3) liefert eine Rückmeldung der aktuellen Stellung der Drosselklappe und ermöglicht somit das exakte Einhalten der gewünschten Drosselklappenposition.

Mit dem EGAS-System kann auf einfache Weise auch eine Fahrgeschwindigkeitsregelung (FGR) integriert werden. Das Steuergerät stellt das Drehmoment so ein, dass die über das Bedienelement der Fahrgeschwindigkeitsregelung vorgewählte Geschwindigkeit eingehalten wird. Ein Betätigen des Fahrpedals ist dabei nicht erforderlich.

Elektrische Drosselvorrichtung des EGAS-Systems

Die elektrische Drosselvorrichtung (Bild 2) dient zur Steuerung der Luftzufuhr zum Verbrennungsmotor. Sie besteht aus dem Pneumatikgehäuse (1) und der Drosselklappe (3), dem Antrieb mit einem Gleichstrommotor (5), aus den Sensoren zur Messung der Klappenstellung und dem Stecker (4) zum Anschluss an das Steuergerät. Darüber hinaus gibt es Drosselvorrichtungen mit Anschlüssen an den Kühlwasserkreislauf des Motors zur Vermeidung einer Klappenvereisung oder mit einem Unterdruckanschluss für den Bremskraftverstärker.

Der Drosselklappensteller ist typischerweise modular aufgebaut, wodurch eine einfache Anpassung an unterschiedliche Klappendurchmesser, Flanschgeometrien oder Steckergeometrien möglich ist. Die Drosselklappe ist über die Drosselklappenwelle im Gehäuse drehbar gelagert. Durch die mittige Anordnung der Welle werden Momente durch den Druckabfall über der Klappe vermieden. Je nach Motorhubraum kommen Klappendurchmesser von 32 mm bis 82 mm zum Einsatz. Der Druckabfall über der Klap-

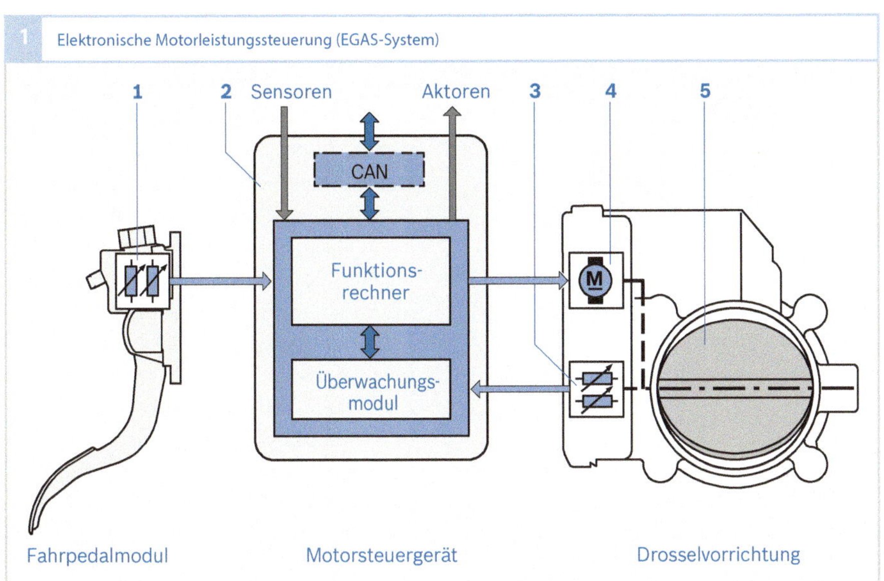

Bild 1
1 Fahrpedalsensor
2 Motorsteuergerät
3 Drosselklappenwin-
kelsensor
4 Drosselklappenan-
trieb
5 Drosselklappe

pe kann bei Turbomotoren bis zu 4 bar be-
tragen.

Der Antrieb der Drosselklappenwelle erfolgt über einen Gleichstrommotor und ein
zweistufiges Getriebe mit einer typischen
Übersetzung von ca. 1:20. Der Motor wird
vom Steuergerät mit einer pulsweitenmodu-
lierten Rechteckspannung von ca. 2 kHz
angesteuert. Die typische Öffnungs- und
Schließzeit der Klappe liegt unter 100 ms.
Ein in das Gehäuse integriertes Federsystem
bringt die Klappe bei fehlender Ansteuerung
in eine Stellung, die einen Betrieb des Fahrzeugs mit erhöhter Leerlaufdrehzahl (im
Notbetrieb) ermöglicht. Sensoren erfassen
die Stellung der Drosselklappe und geben
eine zur Drosselklappenstellung (zum Winkel) proportionale Gleichspannung aus. Be-
rührende Sensoren (Potentiometer) werden
zunehmend durch berührungslose Sensoren
(Induktiv- oder Hallsensoren) ersetzt. Die
Sensoren sind redundant ausgelegt. Das
Steuergerät erkennt mögliche Fehler in der
Signalerfassung, indem es die beiden (red-
undanten) Sensorsignale ständig vergleicht

oder Spannungen außerhalb des normalen
Bereiches feststellt. Neuerdings gibt es auch
Sensoren, die über eine digitale Schnittstelle
mit dem Steuergerät kommunizieren. Der
Steckverbinder der Drosselvorrichtung ist
6-polig ausgelegt mit zwei Anschlüssen für
den Motor und vier Anschlüssen für Sensor-
versorgung, Sensormasse und die beiden
Sensorsignale.

Bild 2
1 Pneumatikgehäuse
2 Getriebegehäuse
3 Drosselklappe
4 Stecker
5 Gleichstrommotor

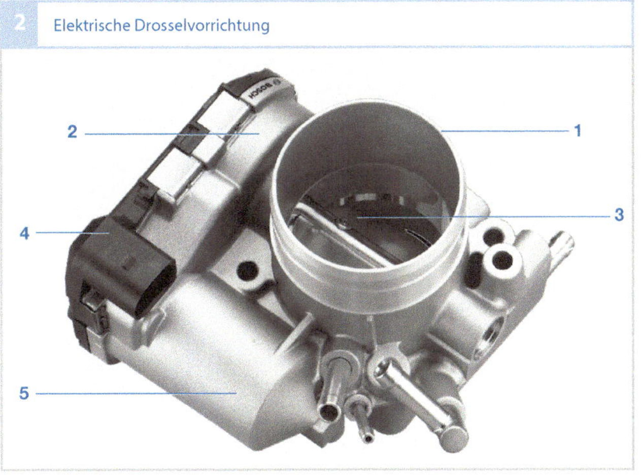

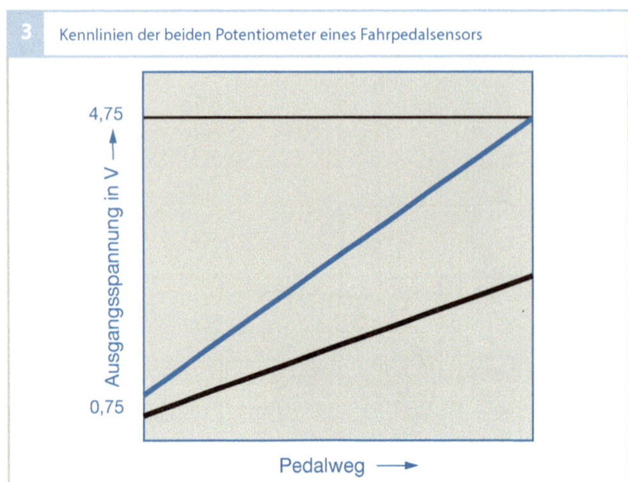

Bild 3
Der Pedalweg beträgt etwa 25 mm.

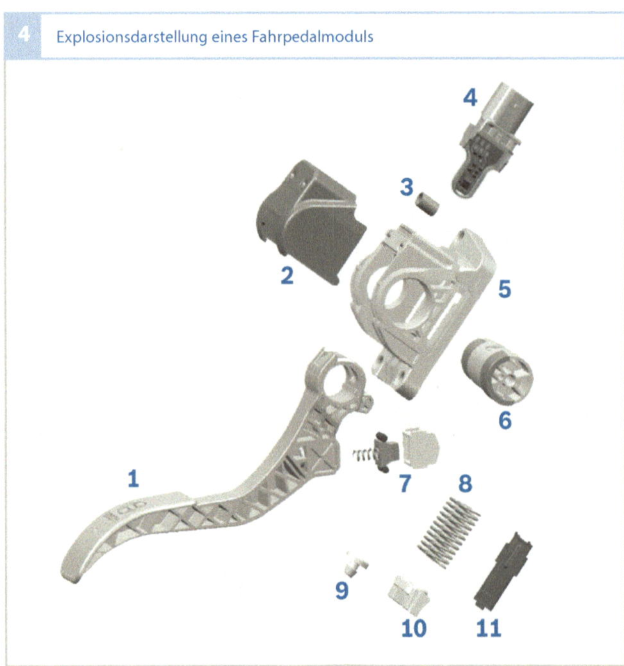

Bild 4

1	Pedal	5	Lagerblock	7	Kickdown (optional)
2	Deckel	6	Welle mit zwei Magne-	8	zwei Federn
3	Abstandshülse		ten und Hysterese-	9	Anschlagsdämpfer
4	Sensorblock mit Ge-		elementen (runde Ma-	10	Druckstück
	häuse und Stecker		gnete nicht sichtbar)	11	Bodendeckel

Fahrpedalmodul

Das Motorsteuergerät erhält den Messwert der Pedalstellung als elektrische Spannung. Mithilfe einer gespeicherten Sensorkennlinie rechnet das Steuergerät diese Spannung in den relativen Pedalweg, d. h. die Winkelstellung des Fahrpedals, um (Bild 3).

Für Diagnosezwecke und für den Fall einer Störung ist ein redundanter (doppelter) Sensor integriert. Er ist Bestandteil des Überwachungssystems. Eine typische Ausführung arbeitet mit einem zweiten Sensor, der in allen Betriebspunkten immer die halbe Spannung des ersten Sensors liefert. Für die Fehlererkennung stehen damit zwei unabhängige Signale zur Verfügung (Bild 3).

Der Fahrpedalsensor ist im Fahrpedalmodul (Bild 4) integriert. Dieses besteht aus dem eigentlichen Pedal (1), einem Federsystem (8) welches das Pedal in die Ruhestellung zurückführt und den Gehäuseelementen Deckel (2), Lagerblock (5) sowie Bodendeckel (11). Die Bewegung des Pedals wird in eine Drehbewegung der Welle (6) und der darauf aufgebrachten Magneten übertragen, welche durch den im Sensorblock (4) verbauten Hall-Winkelsensor in ein elektrisches Signal umgesetzt wird (siehe z. B. [2]). Optional kann bei Fahrzeugen mit automatischem Getriebe ein Schalter (7) im Bereich des Anschlags ein elektrisches Kickdown-Signal erzeugen.

Überwachungskonzept der elektronischen Motorleistungssteuerung

Die elektronische Motorleistungssteuerung (EGAS-System) gehört zu den sicherheitsrelevanten Systemen. Das Motormanagement beinhaltet deshalb eine Diagnose der Einzelkomponenten. Eingangsinformationen, die den leistungsbestimmenden Fahrerwunsch (Stellung des Fahrpedals) oder den Motorzustand (Stellung der Drosselklappe) darstellen, werden dem Steuergerät durch eine red-

undante Sensorik zugeführt. Die beiden
Sensoren im Fahrpedalmodul sowie die beiden Sensoren in der Drosselvorrichtung liefern jeweils voneinander unabhängige Signale, sodass bei Ausfall des einen Signals das
andere einen gültigen Wert liefert. Unterschiedliche Kennlinien stellen sicher, dass
ein Kurzschluss zwischen den beiden Signa-
len erkannt wird.

Dynamische Aufladung

Das erreichbare Motordrehmoment ist näherungsweise proportional zum Frischgasanteil
der Zylinderfüllung. Das maximale Drehmoment kann daher in gewissen Grenzen gesteigert werden, indem die Luft vor Eintritt
in den Zylinder verdichtet wird. Die La-
dungswechselvorgänge werden nicht nur
durch die Steuerzeiten der Gaswechselventile, sondern auch durch die Saug- und Ab-
gasleitung beeinflusst. Die Saugrohranlage
besteht aus einer Kombination von Schwingrohren und Volumina.

In Bild 5 ist der prinzipielle Aufbau einer
Ansauganlage eines Verbrennungsmotors
dargestellt. Zwischen den Zylindern (1) und
den Schwingrohren (2) befinden sich die periodisch öffnenden Einlassventile des Motors. Angeregt durch die Saugarbeit des Kolbens löst das öffnende Einlassventil eine
zurücklaufende Unterdruckwelle aus. Am
offenen Ende des Saugrohrs trifft die Druckwelle auf ruhende Umgebungsluft (Sammler
(3) oder Luftfilter) oder auf die Drosselklappe (4), und wird dort teilweise als Über-
druckwelle reflektiert und läuft wieder zurück
in Richtung Einlassventil. Die dadurch entstehenden Druckschwankungen am Einlassventil sind phasen- und frequenzabhängig und
können ausgenutzt werden, um die Frischgasfüllung zu vergrößern und damit ein höchst-
mögliches Drehmoment zu erreichen.

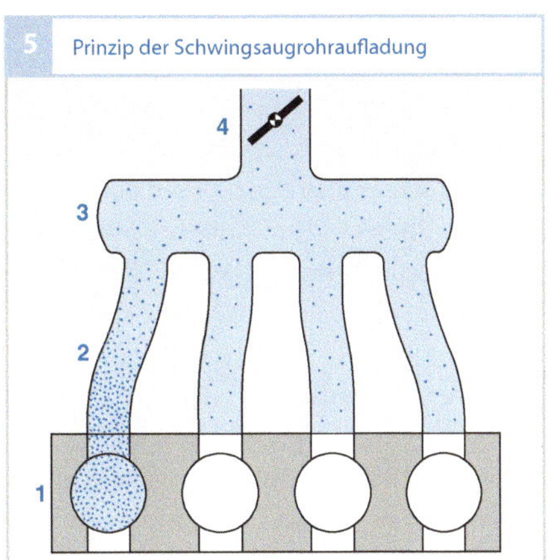

Bild 5
1 Zylinder
2 Einzelschwingrohr
3 Sammelbehälter
4 Drosselklappe

Dieser Aufladeeffekt beruht also auf der
Ausnutzung der Dynamik der angesaugten
Luft. Die dynamischen Effekte im Saugrohr
hängen von den geometrischen Verhältnis-
sen im Saugrohr, aber auch von der Motordrehzahl ab. Es kann daher durch eine geeignete Abstimmung eine Erhöhung der
Zylinderfüllung in bestimmten Drehzahlbe-
reichen erzielt werden.

Schwingsaugrohraufladung

Saugrohre für Einzeleinspritzanlagen bestehen aus den Einzelschwingrohren und
Sammelbehälter (Sammler). Bei der
Schwingsaugrohraufladung (Bild 5) hat jeder Zylinder ein gesondertes Einzelschwingrohr (2) bestimmter Länge, das meist an einen Sammelbehälter (3) angeschlossen ist.
In diesen Schwingrohren können sich die
Druckwellen, welche durch die periodisch
öffnenden Einlassventile erzeugt werden,
unabhängig voneinander ausbreiten.

Der Aufladeeffekt ist abhängig von der
Saugrohrgeometrie und der Motordrehzahl.
Länge und Durchmesser der Einzelschwing-
rohre werden deshalb so auf die Ventilsteu-
erzeiten abgestimmt, dass im gewünschten
Drehzahlbereich eine am Ende des Schwing-
rohrs (an der Drosselklappe oder am Luftfil-

ter) teilweise reflektierte Druckwelle durch das geöffnete Einlassventil des Zylinders (1) läuft und somit eine bessere Füllung ermöglicht. Lange, dünne Schwingrohre bewirken einen hohen Aufladeeffekt im niedrigen Drehzahlbereich. Kurze, weite Schwingrohre wirken sich günstig auf den Drehmomentverlauf im oberen Drehzahlbereich aus.

Resonanzaufladung

Bei einer bestimmten Motordrehzahl kommen die Gasschwingungen in der Saugrohranlage, angeregt durch die periodische Kolbenbewegung, in Resonanz. Das führt zu einer Drucksteigerung und zu einem zusätzlichen Aufladeeffekt.

Bei Resonanzsaugrohrsystemen (Bild 6) werden Gruppen von Zylindern (1) mit gleichen Zündabständen über kurze Saugrohre (2) an jeweils einen Resonanzbehälter (3) angeschlossen. Diese sind über Resonanzsaugrohre (4) mit der Atmosphäre oder einem Sammelbehälter (5) verbunden und wirken als Resonatoren. Die Auftrennung in zwei Zylindergruppen mit zwei Resonanzsaugrohren verhindert eine Überschneidung der Strömungsvorgänge von zwei in der Zündfolge benachbarten Zylindern. Der Drehzahlbereich, bei dem der Aufladeeffekt durch die entstehende Resonanz groß sein

soll, bestimmt die Länge der Resonanzsaugrohre und die Größe der Resonanzbehälter. Die teilweise benötigten großen Volumina der Saugrohranlage können aber durch ihre Speicherwirkung bei schnellen Laständerungen Dynamikfehler zur Folge haben.

Variable Saugrohrgeometrie

Die zusätzliche Füllung durch die dynamische Aufladung hängt vom Betriebspunkt des Motors ab. Die beiden zuvor genannten Systeme erhöhen die erzielbare maximale Füllung (den Liefergrad) im gewünschten Drehzahlband (Bild 7). Einen nahezu idealen Drehmomentverlauf ermöglicht eine variable Saugrohrgeometrie (z. B. Schalt-Ansaugsysteme), bei der zum Beispiel über Klappen in Abhängigkeit vom Motorbetriebspunkt verschiedene Verstellungen möglich sind:

- Verstellen der Schwingsaugrohrlänge,
- Umschalten zwischen verschiedenen Schwingsaugrohrlängen oder unterschiedlichen Durchmessern von Schwingsaugrohren,
- wahlweises Abschalten eines Einzelrohrs je Zylinder bei Mehrfachschwingsaugrohren,
- Umschalten auf unterschiedliche Sammlervolumen.

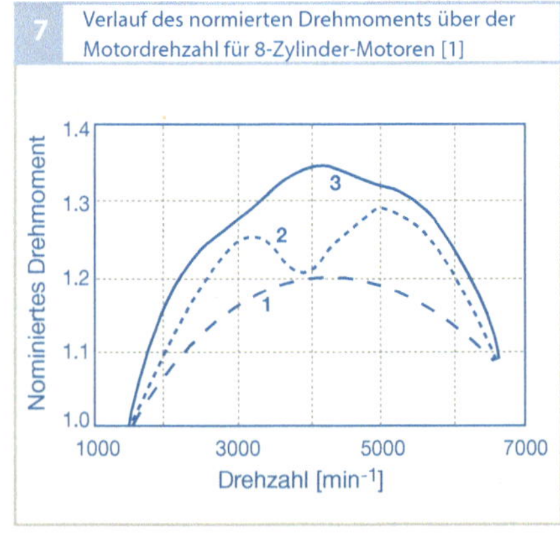

Zum Umschalten der Schalt-Ansaugsysteme dienen zum Beispiel elektrisch oder elektropneumatisch betätigte Klappen.

Schwingsaugrohrsysteme

Bei dem in Bild 8 dargestellten Saugrohrsystem kann zwischen zwei verschiedenen Schwingsaugrohren umgeschaltet werden. Im unteren Drehzahlbereich ist die Umschaltklappe (1) geschlossen und die angesaugte Luft strömt durch das lange Schwingsaugrohr (3) zu den Zylindern. Bei hohen Drehzahlen und geöffneter Umschaltklappe nimmt die angesaugte Luft den Weg durch das kurze, weite Saugrohr (4). Damit ist eine bessere Zylinderfüllung bei hohen Drehzahlen möglich.

Resonanzsaugrohrsysteme

Mit Öffnen einer Resonanzklappe wird ein zweites Resonanzrohr zugeschaltet (Bild 9). Die veränderte Geometrie dieser Anordnung beeinflusst die Eigenfrequenz der Sauganlage. Das größere wirksame Volumen bei zugeschaltetem zusätzlichen Resonanzrohr verbessert die Füllung im unteren Drehzahlbereich.

Kombiniertes Resonanz- und Schwingsaugrohrsystem

Eine Kombination von Resonanz- und Schwingsaugrohrsystem ist gegeben, wenn die geöffnete Umschaltklappe (Bild 9, Pos. 7) die beiden Resonanzbehälter (3) zu einem einzigen Volumen verbinden kann. Es entsteht dann ein Luftsammler für die kurzen Schwingsaugrohre (2) mit hoher Eigenfrequenz. Bei niedrigen und mittleren Drehzahlen ist die Umschaltklappe geschlossen. Das System wirkt als Resonanzsaugrohrsystem (wie in Bild 6). Die niedrige Eigenfrequenz ist dann durch das lange Resonanzsaugrohr (4) festgelegt.

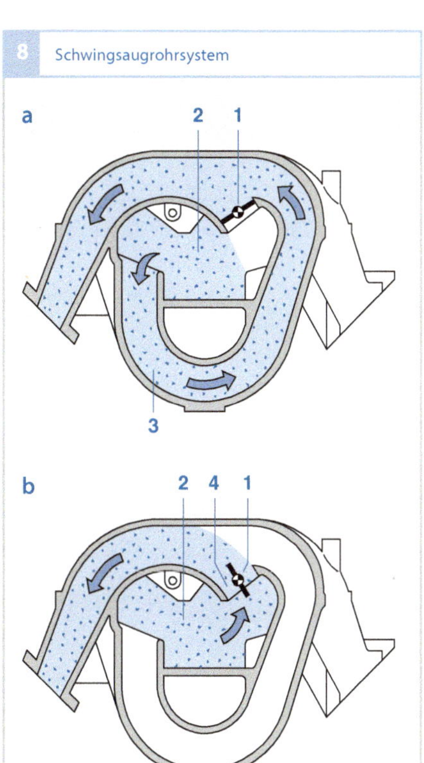

Bild 8
a   Saugrohrgeometrie bei geschlossener Umschaltklappe
b   Saugrohrgeometrie bei geöffneter Umschaltklappe
1   Umschaltklappe
2   Sammelbehälter
3   langes, dünnes Schwingsaugrohr bei geschlossener Umschaltklappe
4   kurzes, weites Schwingsaugrohr bei geöffneter Umschaltklappe

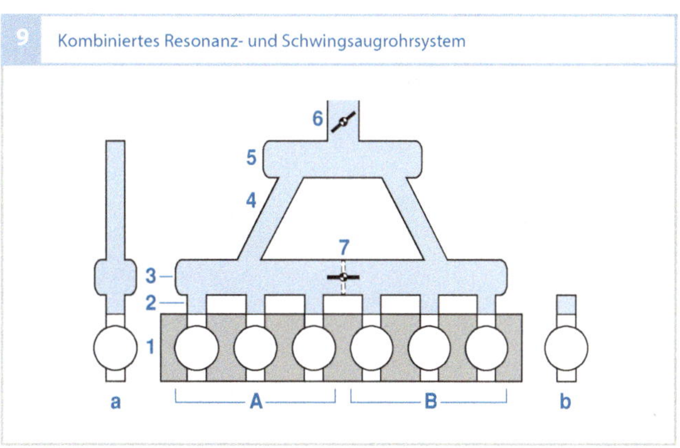

Bild 9
1   Zylinder
2   Schwingsaugrohr (kurzes Saugrohr)
3   Resonanzbehälter
4   Resonanzsaugrohr
5   Sammelbehälter
6   Drosselklappe
7   Umschaltklappe
A, B Zylindergruppen mit gleichen Zündabständen
a   äquivalente Saugrohrverhältnisse bei geschlossener Umschaltklappe
b   äquivalente Saugrohrverhältnisse bei geöffneter Umschaltklappe

Aufladung

Da Drehmoment und Leistung eines Verbrennungsmotors bei steigendem Saugrohrdruck (bis zu einer gewissen Grenze) stetig ansteigen, ist es sinnvoll, Saugrohrdrücke mit einem Ladedruck oberhalb des atmosphärischen Luftdruckes bereitzustellen. Dies eröffnet die Basis, ohne Leistungseinbuße gegenüber einem Saugmotor mit kleinerem Hubraum auszukommen. Zur Realisierung entsprechender Ladedrücke ist ein Aufladesystem erforderlich, welches grundlegend unterschiedlich aufgebaut sein kann. In den folgenden Abschnitten werden die Aufladeverfahren, ihre Vorteile und Nachteile ausgeführt.

Mechanische Aufladung

Bei der mechanischen Aufladung wird ein Verdichter direkt vom Verbrennungsmotor angetrieben. Bild 16 zeigt den Aufbau eines modernen Roots-Kompressors mit den beiden gegeneinander drehenden Rotoren (1). In der Regel sind Motor- und Verdichterdrehzahl z. B. über einen Keilrippenriemen-

antrieb (2) fest miteinander gekoppelt. Zum Abschalten des mechanischen Laders bei niedriger Motorlast wird i.A. noch eine elektromechanische Kupplung (nicht dargestellt) eingesetzt.

Der Ladedruck kann beim mechanischen Lader über einen Bypass gesteuert werden. Ein Teil des verdichteten Luftmassenstroms gelangt in die Zylinder und bestimmt die Füllung, der andere Teil strömt über den Bypass zurück zur Ansaugseite. Die Ansteuerung des Bypassventils übernimmt die Motorsteuerung.

Die Vorteile des mechanischen Laders sind ein spontanes Ansprechverhalten und ein gleichmäßiger Drehmomentverlauf. Allerdings belastet die Antriebsleistung den Motor und es sind Geräuschdämpfungsmaßnahmen sowie ein vergleichsweise großer Bauraum erforderlich.

Druckwellenaufladung

Bei der Druckwellenaufladung werden im Hochdruckprozess heiße, unter Druck stehende Abgase kurzzeitig mit atmosphärischer Ansaugluft in Zellen eines Rotors in Kontakt gebracht (Bild 17). Dabei entwickelt sich von der Abgasseite ausgehend eine Druckwelle, welche die Ansaugluft verdichtet und auf der Ladeluftseite des Druckwellenladers ausstößt. Kurz vor Eintreffen der Abgas-Luft-Trennzone auf der Ladeluftseite wird die betreffende Zelle ladeluftseitig durch Weiterdrehen des Zellenrotors verschlossen. Durch den geringen Einzel-Kanalquerschnitt wird eine Vermischung von Frisch- und Abgas in der Trennzone weitgehend reduziert.

Im anschließenden Niederdruckprozess läuft die nun gedämpfte Druckwelle in die Gegenrichtung und verdichtet mit geringer Restenergie das in die Zelle zuvor eingetretene Abgas und stößt dieses durch die zwischenzeitlich erfolgte Öffnung auf der Ab-

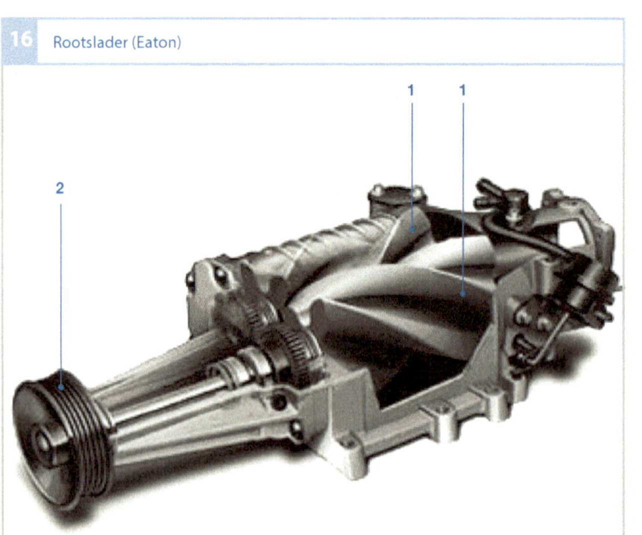

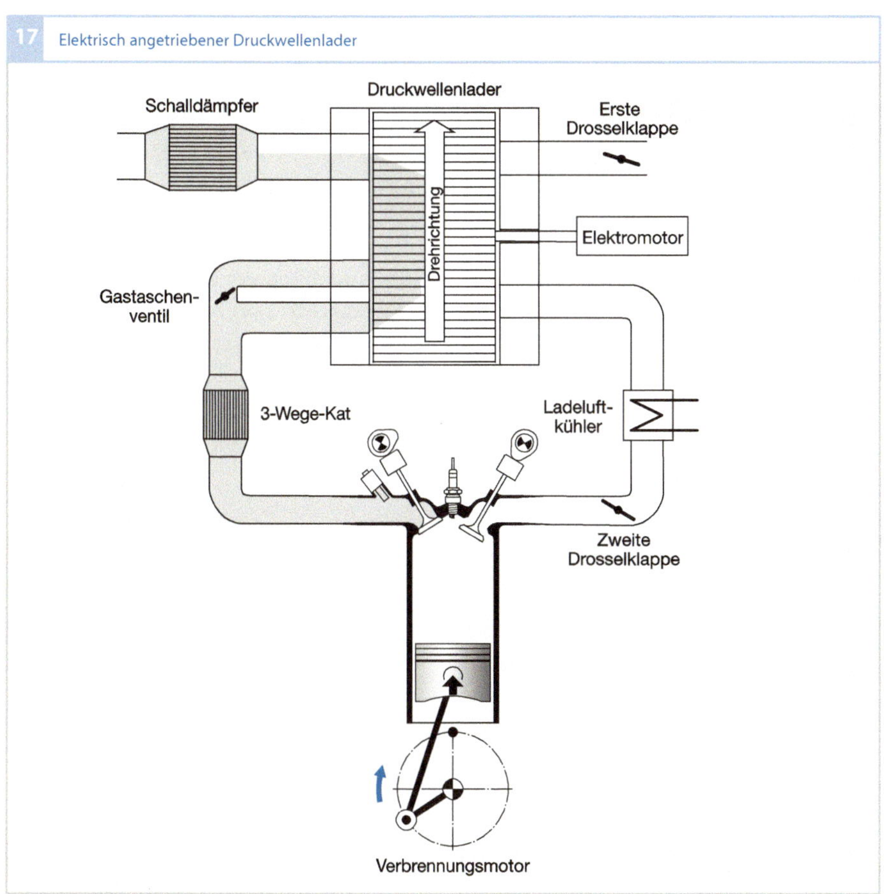

gasseite in die Abgasanlage. Gleichzeitig erfolgt auf der gegenüberliegenden Seite derselben Zelle bedingt durch dynamischen Unterdruck ein Ansaugvorgang von atmosphärischer Luft. Unmittelbar vor Erreichen der neuen Trennzone zwischen Ansaugluft und Abgas erfolgt durch kontinuierliches Weiterdrehen des Rotors ein Verschließen der Abgasseite, so dass ein unkontrolliertes Überströmen von Ansaugluft in den Abgasanlage vermieden wird.

Zur Erzielung günstigerer Einbauverhältnisse und zur besseren Regelung bietet es sich an, den Riementrieb durch einen elektrischen Antrieb zu ersetzen. Die Antriebs-

leistung ergibt sich im Wesentlichen auf Basis der Rotorträgheit und der Drehzahldynamik des Verbrennungsmotors und begrenzt sich damit auf dynamische Situationen. Zur Prozessoptimierung kann optional eine Verschiebung (Verdrehung) der Steuerquerschnitte auf der Luftseite vorgesehen werden, um den unterschiedlichen Gaslaufzeiten Rechnung tragen zu können. Die Leistung zur Verdichtung der Ladeluft wird ausschließlich vom Abgas generiert.

Zur Ladedruckregelung wird ein Gastaschenventil (siehe Bild 17) eingesetzt, welches bei voller Ladedruckanforderung im geschlossenen Zustand das Abgas vollständig in den Hochdruckprozess einleitet und mit sinkender Ladedruckanforderung bei zunehmender Öffnung zunehmend mehr Abgas in den Niederdruckprozess überführt.

Eine erste Drosselklappe stromauf des Druckwellenladers steuert das effektive Druckverhältnis im Niederdruckprozess, so dass weder kritische Mengen an Frischluft ins Abgas gelangen noch kritische Mengen an Abgas in die Frischluft überströmen können. Analog zu Ottomotoren ohne Aufladung wird eine zweite Drosselklappe zur Steuerung des Saugrohrdruckes verwendet.

Die Vorteile des Druckwellenladers sind ein hohes Druckverhältnis über einen breiten Drehzahlbereich und eine hohe Dynamik, daher zeigt er keine Anfahrschwäche. Außerdem zeigt er einen hohen Wirkungsgrad über einen weiten Drehzahlbereich.

Er zeigt jedoch eine sehr hohe Empfindlichkeit bezüglich des Abgasgegendrucks (z. B. aufgrund einer Abgasnachbehandlung stromabwärts des Druckwellenladers) und bezüglich des Druckverlusts der Sauganlage (z. B. ist ein beladenes oder nasses Luftfilterelement sehr kritisch). Außerdem heizt die Abgaswärme zunächst hauptsächlich den Zellenrotor und steht dabei dem Verdichtungsprozess nur ungenügend zur Verfügung, was zu einer Anfahrschwäche mit kaltem Zellenrotor führt. Ferner ist die Geräuschdämpfung kritisch. In den 70er- und 80er-Jahren entwickelte die Fa. BBC (CH-Baden) einen Druckwellenlader unter dem Namen Comprex, welcher in den Folgejahren zum Hyprex weiterentwickelt wurde.

Abgasturboaufladung

Von den bekannten Verfahren zur Aufladung von Verbrennungsmotoren findet die Abgasturboaufladung heute die breiteste Anwendung. Sie ermöglicht bereits bei Motoren mit kleinem Hubraum hohe Drehmomente und Leistungen bei guten Motorwirkungs-

graden. Vor wenigen Jahren wurde die Abgasturboaufladung noch vorwiegend zur Leistungssteigerung bestehender Motoren eingesetzt. Aufgrund stetig wachsender Anforderungen an eine CO_2-Minderung, gleichzusetzen mit einer Kraftstoffverbrauchsminderung des Fahrzeuges, hat sich dieser Trend in Richtung innovativer Downsizing-Konzepte gewandelt. Hierbei wird der Hubraum sowie die Zylinderanzahl des Verbrennungsmotors verringert, um die mechanische Reibung des Aggregats zu minimieren und der einhergehende Leistungsverlust mittels Aufladung kompensiert.

Aufbau und Arbeitsweise

Der Abgasturbolader (ATL, Bild 18) setzt sich in seinen Hauptbestandteilen aus einer Abgasturbine, einem Verdichter sowie einer Lagerung zusammen. Die Abgasturbine besteht aus dem Turbinenrad (8) und dem Turbinengehäuse (9), der Verdichter aus dem Verdichterrad (3) und dem Verdichtergehäuse (2), die Lagerung aus der Welle (6), der Radiallagerung (5, 7), der Axiallagerung (4) und dem Lagergehäuse (11).

Die Abgasturbine sitzt im Abgastrakt, üblicherweise direkt hinter dem Abgaskrümmer und vor dem Katalysator. Aufgrund der hohen Abgastemperaturen müssen Turbinenrad und -gehäuse aus hitzebeständigen Werkstoffen gefertigt sein.

Zum Antrieb der Turbine wird die Energie genutzt, die im heißen und unter Druck stehenden Abgas enthalten ist. Das heiße Abgas strömt durch das Turbinengehäuse ein, in welchem es durch eine kontinuierliche Querschnittsverengung beschleunigt wird, bevor es schließlich näherungsweise tangential auf das Turbinenrad auftrifft. Anschließend wird der Abgasstrom im Laufrad umgelenkt und verlässt das Turbinenrad in axialer Richtung. Der Impulsaustausch durch die Umlenkung treibt das Turbinen-

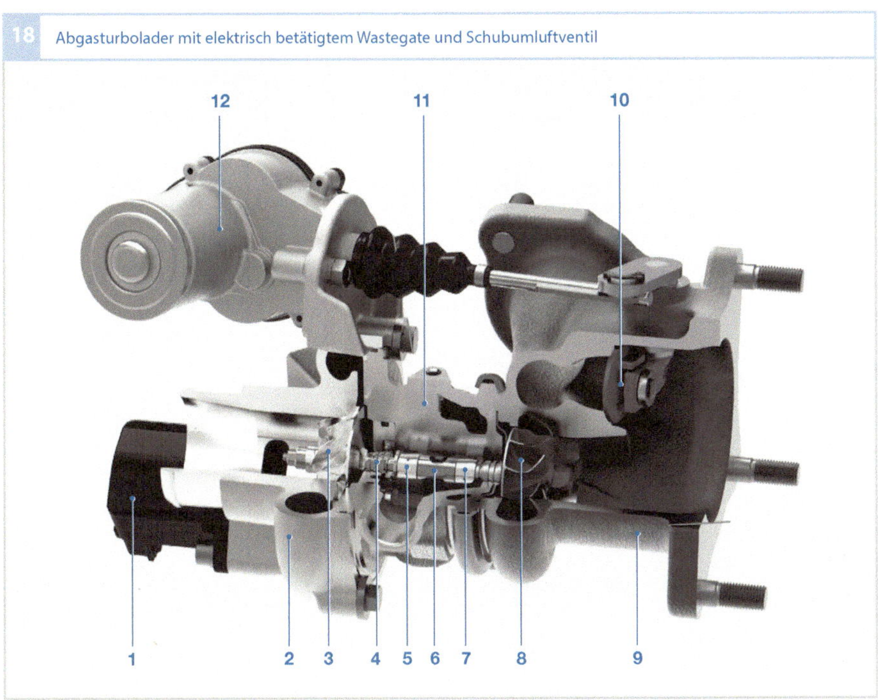

Bild 18
1 Schubumluftventil
2 Verdichtergehäuse
3 Verdichterrad
4 Axiallagerung
5 Radiallagerung
6 Welle
7 Radiallagerung
8 Turbinenrad
9 Turbinengehäuse
10 Wastegate
11 Lagergehäuse
12 elektrischer
   Wastegateaktor

rad an und versetzt es in eine schnelle Drehbewegung (je nach Raddurchmesser bis zu 350 000 min^{-1}).

Über die Welle wird die Rotationsleistung auf das Verdichterrad übertragen, welches sich bezüglich der Strömungsverhältnisse genau umgekehrt zum Turbinenrad verhält. Die Frischluft tritt axial in das Verdichterrad ein und wird von den Schaufeln radial nach außen geleitet, dabei stark beschleunigt und je nach Bauart auch bereits leicht verdichtet. Der hauptsächliche Druckaufbau findet nach Austritt aus dem Rad im Diffusor statt, wo die kinetische Energie des Gases in Druck umgesetzt wird.

Hierdurch wird eine Erhöhung der Ladungsdichte im Zylinder und damit eine größere Zylindermasse bei gleichem Hubvolumen erzielt, welche sich durch entsprechende Kraftstoffzugabe in einer annähernd proportional höheren Motorleistung widerspiegelt.

Durch die Komprimierung der Luft kommt es neben der Druckerhöhung jedoch auch zu einem Temperaturanstieg der Luft, welcher sich kontraproduktiv auf die Erhöhung der Dichte auswirkt. Um diesem Effekt entgegen zu wirken, wird die Luft nach Austritt aus dem Verdichtergehäuse vor Eintritt in den Motor in einem Ladeluftkühler wieder heruntergekühlt.

Damit nutzt der Abgasturbolader Abgasenergie, die sonst ungenutzt den Motor verlassen würde. Andererseits muss Energie aufgewendet werden, um das Abgas im Ausschiebetakt des Motors auf den mit Turbolader höheren Abgasdruck aufzustauen. Dies erhöht die Ladungswechselarbeit des Verbrennungsmotors.

In **Bild 19** ist exemplarisch ein Verdichterkennfeld mit einer typischen Volllast-Betriebslinie eines Ottomotors dargestellt. Aufgetragen ist das Druckverhältnis (Verhältnis

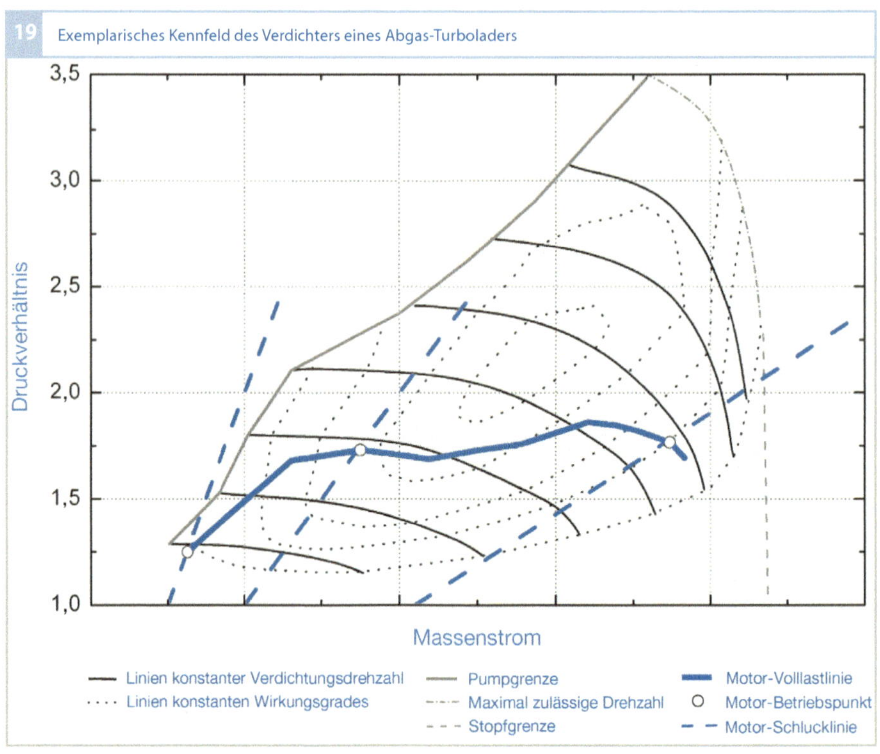

19 Exemplarisches Kennfeld des Verdichters eines Abgas-Turboladers

des Austrittsdrucks zum Eintrittsdruck) über dem Massenstrom. Die Drehzahl des Verdichters steigt mit dem Durchsatz und dem Druckverhältnis an. Die Linien konstanten Wirkungsgrades haben eine Muschelform, wobei der maximale Wirkungsgrad in etwa in der Mitte des Kennfeldes liegt und bei typischen Pkw-Verdichtern je nach Größe Werte zwischen etwa 70 und 75 % erreicht. Begrenzt wird das Kennfeld links durch die Pump-, rechts durch die Stopf- und oben durch die maximale Drehzahlgrenze.

Links von der Pumpgrenze im Bereich niedriger Durchsätze und hoher Druckverhältnisse ist kein stabiler Betrieb des Verdichters möglich. Hier kommt es zu einer Ablösung der Strömung von der Verdichterschaufel, was zu Verwirbelungen und schließlich einem Abfall des Druckes führt.

Durch die sich einstellenden Druckverhältnisse kommt es zu einem kurzzeitigen Rückströmen bis sich schließlich der Druck hinter dem Verdichter wieder aufbaut. Dieser sich wiederholende Prozess wird als „Verdichterpumpen" bezeichnet und ist durch Schwingungen großer Amplitude im Ladedruck im Bereich von 5…10 Hz, abhängig von der Geometrie der Leitungsführung vor und hinter dem Verdichter, erkennbar.

Um das Verdichterpumpen und die damit einhergehende, störende Geräuschentwicklung und eine unzulässige Belastung des Verdichters zu vermeiden, wird in kritischen Betriebssituationen (z. B. schnelle Gaswegnahme) das Schubumluftventil (Bild 18, Pos. 1) im Verdichter-Bypass geöffnet.

Nach oben hin wird das Kennfeld durch die maximale Drehzahl begrenzt, für die der Abgasturbolader je nach Lastkollektiv und

Bauweise zugelassen ist. Die Stopfgrenze wird durch die stark fallenden Drehzahllinien am rechten Kennfeldrand gekennzeichnet. Der maximale Volumenstrom eines Radialverdichters ist in der Regel durch die Querschnittsfläche am Verdichterradeintritt begrenzt. Erreicht dort die einströmende Luft Schallgeschwindigkeit, so ist kein weiteres Anwachsen des Durchsatzes mehr möglich.

Die Motor-Volllastlinie des Verbrennungsmotors steigt bei niedrigen Motordrehzahlen nahe der Pumpgrenze an. Mit zunehmender Motordrehzahl, zunehmender Motorleistung und zunehmender Abgasenthalpie steigt auch die verrichtete Arbeit an der Turbine. Die feste Kopplung zwischen Turbine und Verdichter führt schließlich zu einem höheren Ladedruck. Sobald das maximale Drehmoment des Motors erreicht wird, muss mittels eines Stellglieds die Turbinenleistung und damit der Ladedruck begrenzt werden. Nachfolgend werden verschiedene Bauarten vorgestellt, die dies auf unterschiedliche Weise realisieren.

Abgasturbolader-Bauarten

Eine hinsichtlich Fahrbarkeit angenehme Motorauslegung weist ein hohes Motordrehmoment bei niedrigen Motordrehzahlen auf. Die Charakteristik des Abgasturboladers weist jedoch entgegen diesem Auslegungskriterium einen exponentiell steigenden Ladedruck mit zunehmendem Massenstrom auf. Hierdurch wird zum einen bei niedrigen Motordrehzahlen der erforderliche Ladedruck nicht erreicht, zum anderen übersteigt der Ladedruck bei hohen Motordrehzahlen die Motoranforderungen.

Abgasturbolader mit Wastegate
Bei einem Abgasturbolader mit Wastegate (Bild 18) wird eine Auslegung für einen kleinen Abgasmassenstrom gewählt, sodass bereits bei geringen Motordrehzahlen ein ausreichend hoher Ladedruck bereitgestellt werden kann. Bei größeren Abgasmassenströmen wird dagegen ein Teilstrom über ein Bypassventil, das Wastegate (Bild 18, Pos. 10), an der Turbine vorbei in die Abgasanlage abgeführt. Üblicherweise ist dieses Bypassventil in Klappenausführung im Turbinengehäuse integriert.

In den meisten Anwendungen wird das Wastegate über eine pneumatische Steuerdose betätigt. Hierbei kommen je nach Anwendungsgebiet und Medienverfügbarkeit am Fahrzeug Unter- oder Überdruckdosen zum Einsatz. Die einfachste Variante stellt hier die Verwendung des Ladedruckes als Steuerdruck dar. Mittels eines Taktventils zwischen Druckversorgung und Aktor kann über das Motorsteuergerät der Druck und damit der Weg am Aktor eingestellt werden. Eine Weiterentwicklung stellen Druckdosen mit integriertem Wegsensor dar, was die Genauigkeit der Positionseinstellung erhöht und damit den Einregelvorgang des Ladedruckes beschleunigt.

Bild 18 zeigt ein Wastegate mit elektrischem Aktor (Pos. 12). Die Vorteile liegen hier bei höheren Zuhaltekräften des Wastegates, was zu geringeren Leckageströmen und damit zu einem besseren Ansprechverhalten führt sowie zu einer flexiblen Ansteuerung des Wastegates im gesamten Motorbetriebskennfeldes, unabhängig vom verfügbaren Systemdruck.

Abgasturbolader mit zweiflutiger Turbine
Bei Motoren mit vier oder mehr Zylindern kann es für den Ladungswechsel des Motors von Vorteil sein, die abgasseitige Leitungsführung der hintereinander zündenden Zylinder voneinander zu trennen (Bild 20), um ein Übersprechen des ersten Druckpulses nach Öffnen des Ventils (Vorauslassstoß) auf den Zylinder, dessen Auslassventil gerade

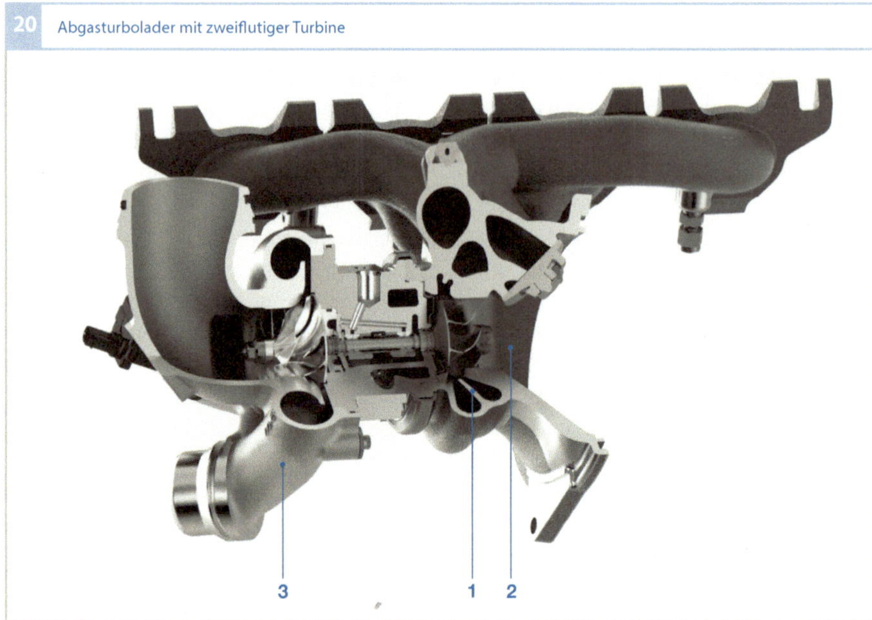

Bild 20
1   zweiflutige
    Turbinenvolute
2   Turbinengehäuse
3   Verdichtergehäuse

schließt, zu vermeiden. Dies würde zu einem Anstieg der im Zylinder verbleibenden Restgasmasse und damit zu einer schlechteren Füllung sowie zu einer schlechteren Klopfempfindlichkeit führen.

Die Trennung der Abgasleitungen (die Flutentrennung) erfolgt bei der zweiflutigen Turbine bis kurz vor das Turbinenrad. Dabei werden die Zylinder voneinander separiert, welche direkt hintereinander ausschieben. Ein weiterer Vorteil dieses Prinzips ist die sogenannte Stoßaufladung. Durch das verringerte Volumen zwischen ausstoßendem Zylinder und Turbine kann noch ein Großteil der kinetischen Energie des Druckpulses zur Beschleunigung des Turbinenrades beitragen, was sich in einem besseren Ansprechverhalten sowie einem höheren Motordrehmoment bei niedrigen Motordrehzahlen (Low-End-Torque) äußert. Befindet sich dagegen ein großes Volumen zur Dämpfung der Druckpulse zwischen den Auslasskanälen und der Turbine, spricht

man von einer Stauaufladung. Diese weist zwar Nachteile im Ansprechverhalten und im Low-End-Torque auf, erreicht jedoch bei optimierter Auslegung durch eine konstante Druckbeaufschlagung höhere thermodynamische Wirkungsgrade.

Abgasturbolader mit verstellbarer Turbinengeometrie

Verstellbare Turbinen-Geometrien (Variable Turbinen-Geometrie VTG) bieten eine weitere Möglichkeit, den Ladedruck bei hoher Motordrehzahl zu begrenzen. Der VTG-Abgasturbolader ist bei Dieselmotoren Stand der Technik (siehe z. B. [3]). Bei Ottomotoren wird er ebenfalls eingesetzt, konnte sich jedoch u. a. wegen der hohen thermischen Belastung durch die heißeren Abgase nicht auf breiter Front durchsetzen.

Die verstellbaren Leitschaufeln (Bild 21) passen den Strömungsquerschnitt zwischen der turbinenseitigen Volute und dem Eintritt in das Turbinenrad durch Variation des

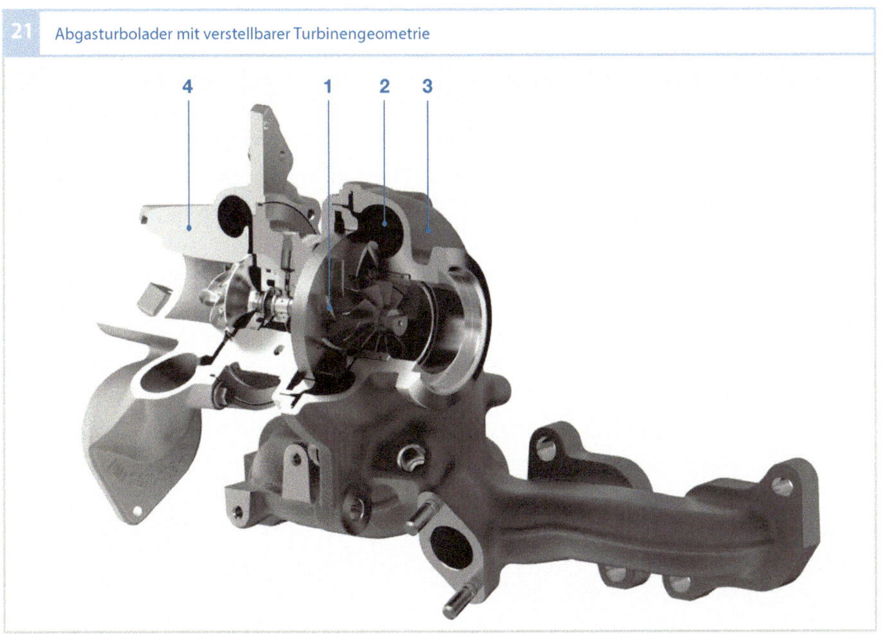

Bild 21
1 verstellbare Leit-
   schaufeln
2 Turbinenvolute
3 Turbinengehäuse
4 Verdichtergehäuse

Schaufelwinkels an. Bei niedrigem Abgasmassenstrom, also bei geringer Motordrehzahl, geben sie einen kleinen Strömungsquerschnitt frei, sodass der Abgasmassenstrom am Austritt der Leitschaufeln eine hohe Geschwindigkeit erreicht und damit die Abgasturbine auf eine hohe Drehzahl beschleunigt. Bei steigender Motordrehzahl werden dagegen die Leitschaufeln geöffnet. Dadurch wird ein größerer Strömungsquerschnitt freigegeben, was den Aufstaudruck und damit die Drehzahl nicht weiter ansteigen lässt. Über die kontinuierliche Verstellung der Leitschaufeln ist es damit möglich, in allen Betriebsbereichen den gewünschten Ladedruck einzustellen, ohne Abgas an der Turbine vorbeizuleiten.

Zur Steuerung des Strömungsquerschnitts wird der Anstellwinkel der Leitschaufeln verstellt. Hierzu werden die Leitschaufeln über einzelne an ihnen befestigte Verstellhebel, die mittels eines Verstellrings angesteuert werden, auf den gewünschten Winkel eingestellt. Die Verstellung geschieht pneumatisch über eine Verstelldose oder mit Hilfe eines elektrischen Aktors. Die Vorteile der Abgasturboaufladung sind hohe Ladedrücke, eine kostengünstige Realisierung und kompakte Abmessungen. Nachteilig wirken sich die begrenzte Kennfeldbreite und die Anfahrschwäche, insbesondere bei Hochaufladung aus. Zur Vermeidung der oben beschriebenen Nachteile werden verschiedene Aufladesysteme kombiniert.

Kombinierte Aufladesysteme

Neben dem Einsatz eines einzelnen Abgasturboladers mit verschiedensten Verstellmechanismen gibt es auch eine Vielzahl von Anwendungen mit einer Kombination aus mehreren Aufladeaggregaten. Hierbei werden mehrere Abgasturbolader in unterschiedlichen Anordnungen miteinander gekoppelt, um den Leistungs- und Betriebsbereich des Motors zu erweitern. Zudem gibt es auch Kombinationen aus mechanischen Aufladeaggregaten und Abgasturboladern. Im Nachfolgenden wird auf die bekanntesten kombinierten Aufladesysteme kurz eingegangen.

Je ein Turbolader pro Zylinderbank
Dabei wird ein großer Turbolader durch zwei identische kleine Turbolader ersetzt, welche jeweils von einer Zylinderbank mit Abgas versorgt werden. Luftseitig werden die Ausgänge der beiden Verdichter vor dem Saugrohr zusammengeführt.

Registeraufladung
Im Gegensatz dazu wird bei der Registeraufladung ein großer Turbolader durch zwei unterschiedlich dimensionierte Turbolader ersetzt. Für geringe Massendurchsätze, d.h. im Teillastbetrieb oder im Vollastbetrieb bei niedrigen Motordrehzahlen wird nur ein kleiner Turbolader verwendet und der zweite Turbolader wird abgeschaltet. Bei hohen Massendurchsätzen stößt der kleine Turbolader an seine Grenzen und der zweite Turbolader wird dazugeschaltet.

Kombination aus mechanischer Aufladung und Abgasturboaufladung
Bei einer Reihenschaltung eines mechanischen Rootskompressors und eines Abgasturboladers wird der Vorteil des mechanischen Laders genutzt, bereits bei niedrigen Motordrehzahlen einen hohen Ladedruck und damit ein hohes Anfahrdrehmoment zur Verfügung zu stellen. Bei höheren Betriebspunkten und damit bei größeren Abgasmassenströmen wird der Kompressor abgekuppelt und der Abgasturbolader übernimmt die Aufgabe des effizienten Befüllens der Zylinder. In transienten Fahrvorgängen kann es selbst bei mittleren Motordrehzahlen zu einem kurzzeitigen Zuschalten des Kompressors kommen, um die Längsdynamik des Fahrzeuges zu unterstützen.

Ladungsbewegung

Für eine gute Gemischaufbereitung spielen die Strömungsverhältnisse im Saugrohr und im Zylinder eine wesentliche Rolle. Eine hohe Ladungsbewegung sorgt für eine gute Durchmischung des Luft-Kraftstoff-Gemischs und damit für eine gute, schadstoffarme Verbrennung.

Bei Teillast ist eine ausreichende Ladungsbewegung für die Gemischbildung und für eine stabile und robuste Verbrennung von großer Bedeutung, insbesondere für Betriebspunkte mit externer Abgasrückführung oder hohen internen Restgasraten zur Optimierung des Kraftstoffverbrauchs. Mangelnde Zündfähigkeit würde zu unruhigem Motorlauf bis hin zu Aussetzern führen. Zusätzlich dient die hohe Ladungsbewegung, insbesondere bei aufgeladenen Motoren im Bereich hoher Lasten, für eine schnellere Verbrennung und somit zu einer reduzierten Klopfneigung.

Einlasskanalauslegung zur Optimierung der Ladungsbewegung

Ladungsbewegung setzt sich aus großskaligen wirbel- und kreisförmigen Strömungen mit einem Durchmesser ähnlich zu den charakteristischen Größen des Brennraums zusammen. Diese Ladungsbewegung zerfällt während des Kompressionshubs in kleinskalige Turbulenz, welche maßgeblich zur Flammenausbreitung beiträgt. Dadurch wirkt sich die Ladungsbewegung positiv auf Kraftstoffverbrauch und Laufruhe des Motors aus.

Die Auslegung des Einlasskanals führt zu einem Kompromiss hinsichtlich optimalem Durchfluss und hoher Ladungsbewegung. Zur Erreichung der Volllastziele ist der Saugrohr- und Ventilspaltdurchfluss entscheidend. Dabei muss aber auch auf die notwendige Ladungsbewegung und Turbulenz zur Erreichung hoher Brenngeschwindigkeiten geachtet werden. Bei Teillast spielt die Ladungsbewegung und die zum Verbrennungszeitpunkt entstehende Turbulenz zum Erhalt einer guten Verbrennungsstabilität eine entscheidende Rolle, da im Brennraum sehr niedrige Drücke und Temperaturen vorliegen und dadurch die Reaktionsgeschwindigkeiten gering sind.

Ladungsbewegungsklappe

Zusätzlich zur Saugrohrauslegung werden zur aktiven Steuerung der Ladungsbewegung Ladungsbewegungsklappen eingesetzt. Bei Systemen mit Benzin-Direkteinspritzung kann entweder eine kontinuierlich geregelte oder eine geschaltete Ladungsbewegungsklappe mit zwei Stellungen eingesetzt werden, um eine hohe Ladungsbewegung zu erzeugen. Das Saugrohr ist typischerweise im Bereich des Einlassventils in zwei Kanäle getrennt, wobei sich ein Kanal durch eine Klappe verschließen lässt (Bild 25). Durch diese Ladungsbewegungsklappe wird in Verbindung mit der Geometrie des Einlassbereichs eine walzen- oder eine drallförmige Bewegung des Gemischs im Brennraum erreicht (Bild 26). Für die walzenförmige Bewegung wird auch häufig der Begriff Tumble verwendet, für die drallförmige Bewegung ist der Begriff Swirl üblich. Über eine Ladungsbewegungsklappe kann die Intensität der Ladungsbewegung beeinflusst werden. Diese erzwungene Strömung stellt beim wandgeführten Schichtbrennverfahren den Gemischtransport zur Zündkerze sicher und unterstützt die Gemischaufbereitung.

Im Homogenbetrieb ist die Ladungsbewegungsklappe in der Regel bei niedrigen Drehmomenten und Drehzahlen geschlossen. Bei hohen Drehmomenten und Drehzahlen muss die Ladungsbewegungsklappe geöffnet werden. Sonst ist es nicht möglich, die für die hohe Leistung benötigte Luft in den Brennraum anzusaugen, da die La-

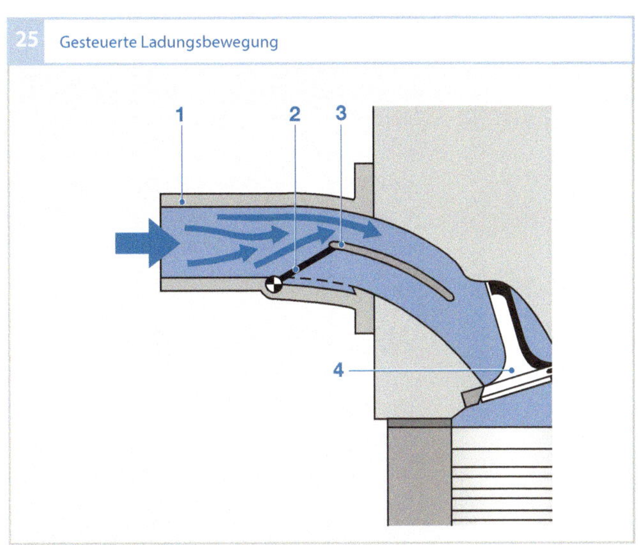

25 Gesteuerte Ladungsbewegung

dungsbewegungsklappe einen Teil des Strömungsquerschnitts verschließen würde. Durch die frühe Einspritzung des Kraftstoffs in den Brennraum, die bereits im Ansaugtakt erfolgt, sowie durch das hohe Temperaturniveau wird eine gute Gemischaufberei-

Bild 25
1 Saugrohr
2 Ladungsbewegungsklappe
3 Trennsteg
4 Einlassventil

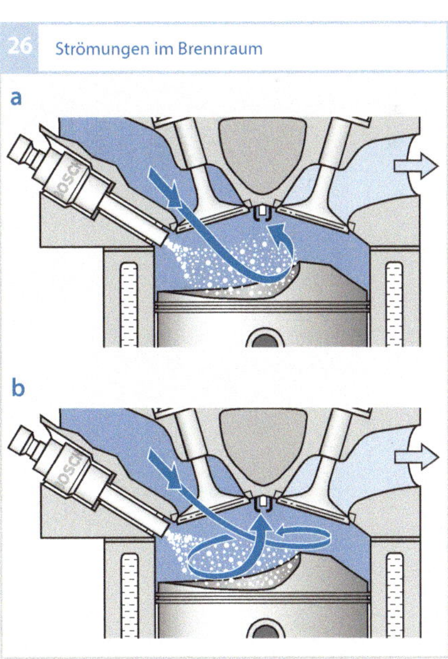

26 Strömungen im Brennraum

Bild 26
a Tumble (walzenförmige Bewegung)
b Swirl (Drallbewegung)

tung auch ohne erhöhte Ladungsbewegung erreicht.

Bei der Saugrohreinspritzung ist die technische Realisierung mit einer Ladungsbewegungsklappe schwierig, da verhindert werden muss, dass sich bei geschlossener Klappe Kraftstoff ansammelt, welcher beim Öffnen der Klappe in den Brennraum gelangt.

Abgasrückführung

Die durch Abgasrückführung (AGR) im Zylinder verbleibende Restgasmasse erhöht den Inertgasanteil der Zylinderfüllung über den Wert des Inertgasanteils der angesaugten Luft. Der Anteil des im Zylinder verbleibenden Restgases kann über variable Steuerzeiten beeinflusst werden. In diesem Fall spricht man von einer „inneren" Abgasrückführung. Eine größere Variation des Inertgasanteils ist über eine „äußere" Ab-

gasrückführung möglich, bei der über eine Leitung bereits ausgestoßene Abgase zum Saugrohr zurückgeführt werden (Bild 27, Pos. 3). Ein größerer Inertgasanteil führt im Allgemeinen zu geringeren Stickoxidemissionen und zu einem geringeren Kraftstoffverbrauch.

Steuerung der externen Abgasrückführung

Das Motorsteuergerät (Bild 27, Pos. 4) regelt abhängig vom Betriebspunkt des Motors das elektrisch betätigte Abgasrückführventil (5). Dem Abgas (6) wird ein Teilstrom entnommen (3) und der angesaugten Frischluft (1) zugeführt. Damit Abgas über das Abgasrückführventil angesaugt werden kann, muss ein Druckgefälle zwischen Saugrohr und Abgastrakt herrschen.

Direkteinspritzende Motoren im Magerbetrieb werden in der Teillast nahezu ungedrosselt, d. h. bei hohem Saugrohrdruck ge-

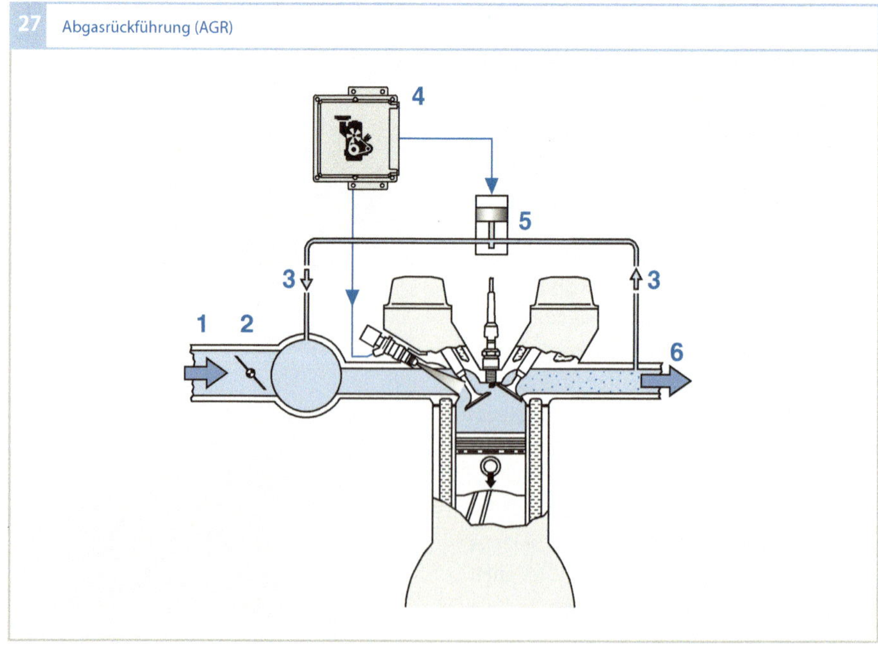

Bild 27
1 angesaugte Frischluft
2 Drosselklappe
3 rückgeführtes Abgas
4 Motorsteuergerät
5 Abgasrückführventil (AGR-Ventil)
6 Abgas

fahren. Ferner wird im Magerbetrieb neben dem gewünschten Inertgas eine nicht unerhebliche Menge Sauerstoff über das Abgasrückführsystem in das Saugrohr zurückgeleitet. Daher ist eine Steuerstrategie erforderlich, die sowohl die Drosselklappe als auch das AGR-Ventil koordiniert. Außerdem ergeben sich hohe Anforderungen an das Abgasrückführsystem: Es muss präzise und zuverlässig arbeiten, und es muss robust gegenüber den Ablagerungen sein, die sich aufgrund der niedrigeren Abgastemperatur in den abgasführenden Teilen bilden.

Reduzierung des Kraftstoffverbrauchs

Das zurückgeführte Inertgas verdrängt den Sauerstoff im vom Motor angesaugten Gas. Um den gewünschten Lastpunkt einstellen zu können, muss dies durch einen höheren Ansaugdruck kompensiert werden. Ein niedrigerer Kraftstoffverbrauch aufgrund gesunkener Drosselverluste (Pumpverluste, Ladungswechselverluste) ist die Folge. Das Inertgas beeinträchtigt jedoch die Zündfähigkeit des Gemischs. Um diese bis zu möglichst hohen Inertgas-Mengen aufrecht zu erhalten, sind Zusatzmaßnahmen erforderlich. Als sehr wirksames Mittel kann man die Turbulenz im Brennraum durch Ladungsbewegungsklappen im Ansaugkanal steigern.

Begrenzung der NO_x-Emission

Bei magerem Motorbetrieb kann der Dreiwegekatalysator die Stickoxide im Abgas aufgrund des Sauerstoffüberschusses nicht mehr reduzieren. Daher muss es das erste Ziel sein, die NO_x-Rohemissionen im Verbrennungsabgas zu senken. Nur so kann man vermeiden, dass die Maßnahmen zur NO_x-Nachbehandlung den durch den Magerbetrieb erreichten Verbrauchsvorteil zunichtemachen, da bei hohen NO_x-Rohemissionen die Regeneration des NO_x-Speicherkatalysators über einen fetten Homogenbetrieb (mit $\lambda < 1$) öfters eingeleitet werden muss.

Die Abgasrückführung ist ein wirkungsvolles Mittel zur Reduktion der NO_x-Rohemissionen; durch Zumischen von bereits verbranntem Abgas zum Luft-Kraftstoff-Gemisch wird die Verbrennungs-Spitzentemperatur gesenkt. Diese Maßnahme mindert die sehr stark temperaturabhängige Stickoxidbildung.

Literatur

[1] Rudolf Pischinger, Manfred Klell, Theodor Sams: Thermodynamik der Verbrennungskraftmaschine; ISBN 978-3-211-99276-0, 3. Aufl. Springer, Wien NewYork

[2] Konrad Reif (Hrsg.): Sensoren im Kraftfahrzeug. 3., ergänzte Auflage, Springer Vieweg, Wiesbaden 2016, ISBN 978-3-658-11210-3

[3] Konrad Reif (Hrsg.): Dieselmotor-Management: Systeme, Komponenten, Steuerung und Regelung. 5., überarbeitete und erweiterte Auflage, Springer Vieweg, Wiesbaden 2012, ISBN 978-3-8348-1715-0

Einspritzung

Aufgabe der Einspritzsysteme ist es, den vom Kraftstoffversorgungssystem aus dem Tank zum Motorraum geförderten Kraftstoff auf die einzelnen Zylinder des Ottomotors zu verteilen und den Kraftstoff entsprechend der Anforderungen aufzubereiten.

Moderne Ottomotoren benötigen zur Einhaltung strenger Abgas- und Verbrauchsvorschriften eine bezüglich Menge und zeitlicher Abfolge hoch präzise Zumessung des Kraftstoffs sowie eine optimale Aufbereitung des Kraftstoff-Luft-Gemisches. Die hoch dynamischen und sehr komplexen Vorgänge der Gemischbildung stellen hohe Anforderungen an das Gemischaufbereitungssystem, weshalb sich die elektronisch gesteuerte Kraftstoffeinspritzung gegenüber dem Vergaser als das dominierende System durchgesetzt hat.

Man unterscheidet grundsätzlich zwei Arten von Einspritzsystemen: das System mit äußerer Gemischbildung – die Saugrohreinspritzung (SRE), und das System mit innerer Gemischbildung – die Benzindirekteinspritzung (BDE). Bei der Saugrohreinspritzung findet die Gemischbildung überwiegend außerhalb des Brennraums im Saugkanal statt, während bei der Benzindirekteinspritzung die Gemischbildung ausschließlich im Zylinder stattfindet. In Bild 1 sind die wesentli-

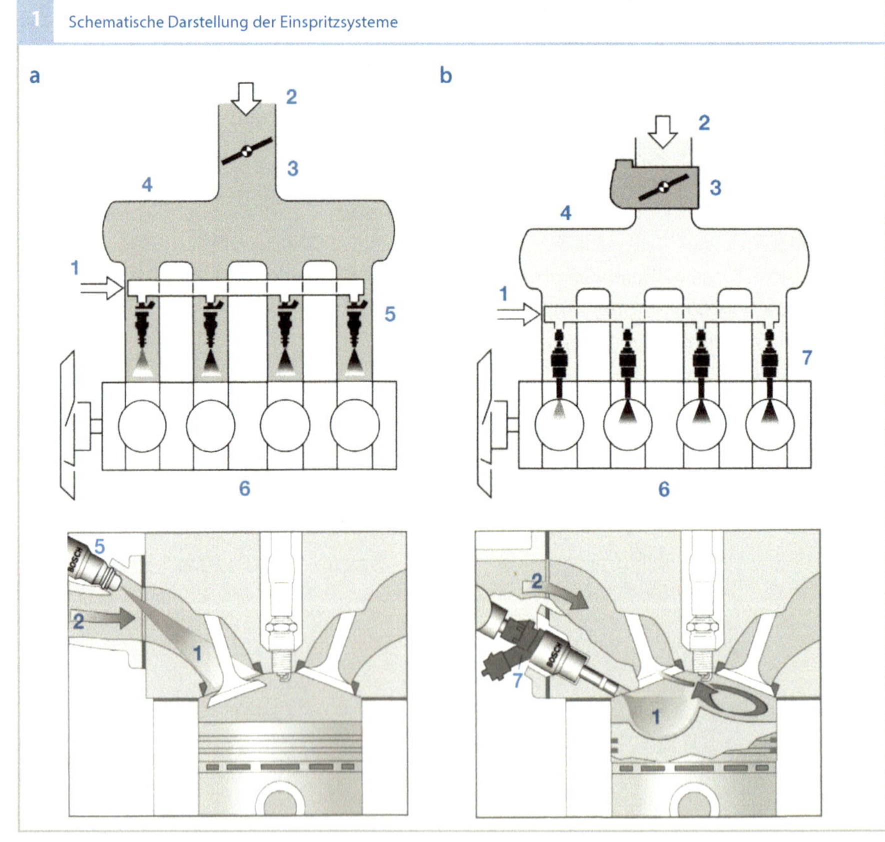

Bild 1
a Saugrohr-
   einspritzung
b Benzindirekt-
   einspritzung

1 Kraftstoff
2 Luft
3 Drosselvorrichtung
4 Saugrohr
5 Einspritzventil
6 Motor
7 Hochdruck-Ein-
   spritzventil

chen Unterschiede beider Systeme dargestellt. Die Unterschiede in den Gemischbildungsmechanismen und in der Systemgestaltung führen auch zu unterschiedlichen Anforderungen an die Einspritzkomponenten, die in den nachfolgenden Abschnitten näher beschrieben werden.

Durch den zunehmenden Einsatz von alternativen Kraftstoffen ergeben sich erweiterte Anforderungen an die Subsysteme und Komponenten des Gemischbildungssystems hinsichtlich der Qualität der Gemischaufbereitung, der Zumessbereiche und auch der Medienverträglichkeit der Komponenten.

Saugrohreinspritzung

Bei Ottomotoren mit Saugrohreinspritzung (SRE) beginnt die Bildung des Luft-Kraftstoff-Gemischs außerhalb des Brennraums im Saugrohr. Diese Motoren sowie deren Steuerungssysteme wurden im Lauf der Zeit immer weiter verbessert.

Übersicht
Aufbau
An Kraftfahrzeuge werden hohe Ansprüche hinsichtlich des Abgasverhaltens, des Verbrauchs und der Laufkultur gestellt. Daraus ergeben sich komplexe Anforderungen an die Bildung des Luft-Kraftstoff-Gemischs. Neben der genauen Dosierung der eingespritzten Kraftstoffmasse – abgestimmt auf die vom Motor angesaugte Luftmasse – ist auch der genaue Zeitpunkt der Einspritzung (das Einspritz-Timing) sowie die Ausrichtung des Sprays relativ zum Saugkanal und zum Brennraum (das Spray-Targeting) von Bedeutung. Diese Anforderungen treten – bedingt durch die fortwährende Verschärfung der Abgasgesetzgebung – immer stärker in den Vordergrund. Auch der Beitrag des Brennverfahrens zur Verbrauchsreduzie-

rung gewinnt immer mehr an Bedeutung. Dementsprechend bedarf es einer stetigen Weiterentwicklung der Einspritzsysteme.

Stand der Technik bei der Saugrohreinspritzung ist die elektronisch gesteuerte Einzeleinspritzanlage, bei der der Kraftstoff für jeden Zylinder einzeln intermittierend (d.h. zeitweilig aussetzend) direkt vor die Einlassventile eingespritzt wird. Die elektronische Steuerung ist im Steuergerät des Motormanagementsystems integriert. Eine Übersicht über ein System mit Saugrohreinspritzung gibt Bild 2.

Keine Bedeutung mehr für Neuentwicklungen haben die mechanischen, kontinuierlich einspritzenden Einzeleinspritzsysteme sowie die Systeme mit Zentraleinspritzung. Bei der Zentraleinspritzung wird der Kraftstoff intermittierend, aber nur über ein einziges Einspritzventil vor der Drosselklappe in das Saugrohr eingespritzt.

Weiterentwicklungen finden im Bereich der Einspritzkomponenten bezüglich des Zumessbereichs (durch den Trend zu Turbo-Motoren und ethanolhaltigen Kraftstoffen), der Ventilsitzdichtheit (zur Verringerung der Verdunstungsemissionen) und der Optimierung der Baugröße statt. Im Bereich der Einspritzsysteme werden neuartige Ansätze, wie z.B. die Verwendung von zwei Einspritzventilen je Saugkanal (Twin-Injection) betrachtet.

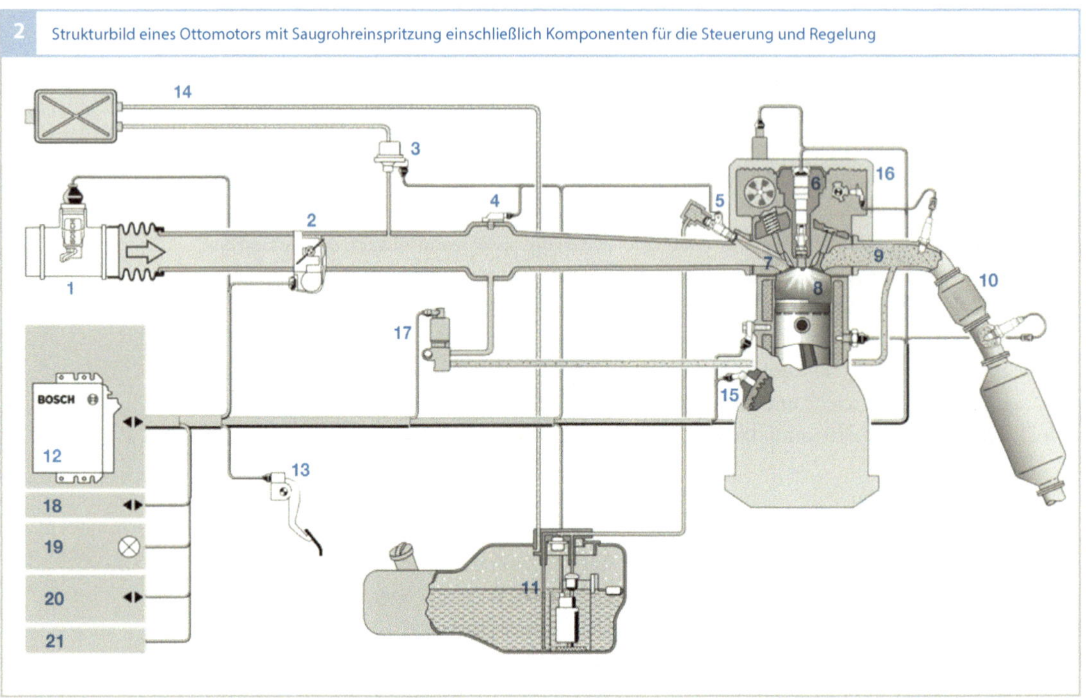

2   Strukturbild eines Ottomotors mit Saugrohreinspritzung einschließlich Komponenten für die Steuerung und Regelung

Bild 2

1   Luftmassenmesser
2   Drosselklappensteller
3   Tankentlüftungsventil
4   Saugrohrdrucksensor
5   Einspritzventil mit Rail
6   Zündspule mit Zündkerze
7   Einlasskanal
8   Brennraum
9   Auslasstrakt
10   Abgassystem
11   Tank mit Fördermodul
12   Motorsteuergerät
13   Fahrpedalmodul
14   Tankentlüftungssystem
15   Drehzahlsensor
16   Phasensensor für die Nockenwelle
17   Abgasrückführventil
18   CAN-Schnittstelle
19   Motorkontrollleuchte
20   Diagnoseschnittstelle
21   Schnittstelle zur Wegfahrsperre

Arbeitsweise

Erzeugen des Luft-Kraftstoff-Gemischs

Bei Benzineinspritzsystemen mit Saugrohreinspritzung wird der Kraftstoff in das Saugrohr oder in den Einlasskanal eingespritzt. Hierzu fördert die Elektrokraftstoffpumpe den Kraftstoff zu den Einspritzventilen. Dort steht der Kraftstoff mit dem Systemdruck an. Bei Einzeleinspritzanlagen ist jedem Zylinder ein Einspritzventil zugeordnet (Bild 3, Pos. 5), das den Kraftstoff intermittierend in das Saugrohr (6) oder in den Einlasskanal vor die Einlassventile (4) einspritzt.

Die Gemischbildung beginnt außerhalb des Brennraums im Einlasskanal mit der Einspritzung des Kraftstoffsprays (7). Nach der Einspritzung strömt im darauf folgenden Ansaugtakt das entstandene Luft-Kraftstoff-Gemisch durch die geöffneten Einlassventile in den Zylinder, wo die Gemischbildung vollendet wird. Dieser Vorgang wird entscheidend vom Spray-Targeting und auch vom Einspritz-Timing beeinflusst. Die Luftmasse wird dabei über die Drosselklappe (Bild 2, Pos. 2) dosiert. Je nach Motortyp werden manchmal ein, überwiegend aber zwei Einlassventile pro Zylinder eingesetzt.

Die Kraftstoffzumessung der Einspritzventile ist so ausgelegt, dass der Kraftstoffbedarf für alle Motorzustände abgedeckt ist. Dies bedeutet einerseits, dass bei hohen

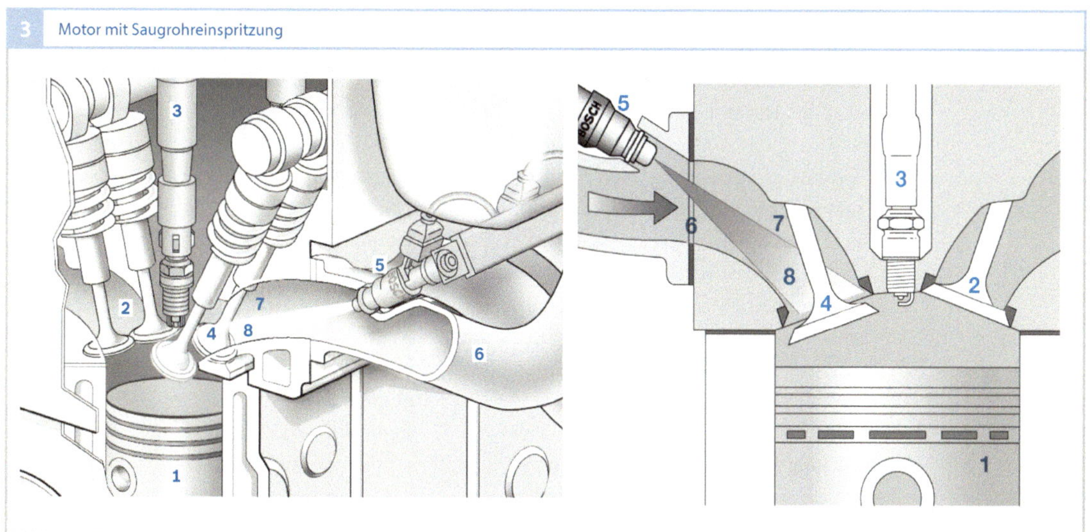

3 Motor mit Saugrohreinspritzung

Drehzahlen und Lasten in der zur Verfügung stehenden Zeit ausreichend Kraftstoff eingespritzt werden muss (bei maximalem Durchfluss, eventuell zusätzlich erweitert durch Turboaufladung). Andererseits ist auch sicherzustellen, dass für den Leerlaufbetrieb eine ausreichende Kleinsteinspritzmenge unter Berücksichtigung von zusätzlichen Bedingungen (z. B. der Tankentlüftung) darstellbar ist, um den stöchiometrischen Betrieb (mit $\lambda = 1$) des Motors zu gewährleisten.

Messen der Luftmasse
Damit das Luft-Kraftstoff-Gemisch genau eingestellt werden kann, kommt der Erfassung der an der Verbrennung beteiligten Luftmasse eine große Bedeutung zu. Der Luftmassenmesser (Bild 2, Pos. 1), der vor der Drosselklappe sitzt, misst den Luftmassenstrom, der durch das Saugrohr strömt und gibt ein elektrisches Signal an das Motorsteuergerät (12) weiter. Alternativ dazu gibt es auch Systeme, die mit einem Drucksensor (4) den Saugrohrdruck messen und daraus in Verbindung mit der Drosselklap-

penstellung und der Drehzahl die angesaugte Luftmasse berechnen. Das Motorsteuergerät berechnet aus der angesaugten Luftmasse und dem aktuellen Betriebszustand des Motors die erforderliche Kraftstoffmasse.

Einspritzzeit
Die Einspritzzeit, die notwendig ist, um die berechnete Kraftstoffmasse einzuspritzen, ergibt sich aus der Abhängigkeit vom engsten Querschnitt im Einspritzventil, dessen Öffnungs- und Schließverhalten, sowie dem Differenzdruck zwischen Saugrohr und Kraftstoffdruck.

Schadstoffminderung
Die Weiterentwicklung in der Motortechnik führte in den vergangenen Jahren zu verbesserten Verbrennungsprozessen und damit zu geringeren Rohemissionen. Elektronische Motorsteuerungssysteme ermöglichen die exakte Einspritzung der benötigten Kraftstoffmenge entsprechend der angesaugten Luftmasse, die genaue Einstellung des Zündzeitpunkts sowie die betriebspunktabhängige Optimierung der Ansteuerung aller vorhan-

Bild 3
1 Kolben
2 Auslassventil
3 Zündspule mit Zündkerze
4 Einlassventil
5 Einspritzventil
6 Saugrohr
7 Einlasskanal
8 Spray

denen Komponenten (z. B. der elektrischen Drosselvorrichtung, Bild 2, Pos. 2). Diese Punkte führen neben der Leistungssteigerung der Motoren auch zur deutlichen Verbesserung der Abgasqualität und zu einer Verbrauchsreduzierung.

In Kombination mit dem Abgasnachbehandlungssystem (Bild 2, Pos. 10) ist es möglich, die marktspezifischen gesetzlichen Abgasgrenzwerte einzuhalten. Der Dreiwegekatalysator kann die bei der Verbrennung entstandenen Schadstoffe bei stöchiometrischem Luft-Kraftstoff-Gemisch ($\lambda = 1$) weitgehend abbauen. Deshalb werden Motoren mit Saugrohreinspritzung in den meisten Betriebspunkten mit dieser Gemischzusammensetzung betrieben.

Motorische Maßnahmen
Neben den nachfolgend diskutierten Maßnahmen im Einspritzsystem können auch motorische Maßnahmen die Rohemissionen verringern und die Verbrennungseffizienz steigern. Folgende Maßnahmen sind heute verbreitet:
- Optimierung der Brennraumgeometrie,
- Mehrventiltechnik,
- variabler Ventiltrieb,
- zentrale Zündkerzenlage,
- Erhöhung der Verdichtung,
- Abgasrückführung.

Im Betriebsbereich des Motorkaltstarts ist die Schadstoffminderung eine wichtige Aufgabe. Mit der Betätigung des Zündschlüssels oder des Startknopfes dreht der Starter und treibt den Motor mit Starterdrehzahl an. Die Signale von Drehzahl- und Phasensensor (Bild 2, Pos. 15 und 16) werden erfasst. Das Motorsteuergerät ermittelt daraus die Kolbenpositionen der einzelnen Zylinder. Entsprechend der im Steuergerät abgelegten Kennfelder werden die Einspritzmengen berechnet und über die Einspritzventile eingespritzt. Darauf abgestimmt wird die Zündung aktiviert. Mit der ersten Verbrennung erfolgt der Drehzahlanstieg.

Der Kaltstart wird durch verschiedene Phasen charakterisiert (Bild 4):
- Startphase,
- Nachstartphase,
- Warmlauf,
- Katalysator-Heizen.

Startphase
Der Bereich von der ersten Verbrennung bis zum erstmaligen Überschreiten der definierten Startende-Drehzahl wird als Startphase bezeichnet. Für den Motorstart ist eine erhöhte Kraftstoffmenge notwendig (z. B. bei 20 °C ca. die 3- bis 4-fache Volllastmenge).

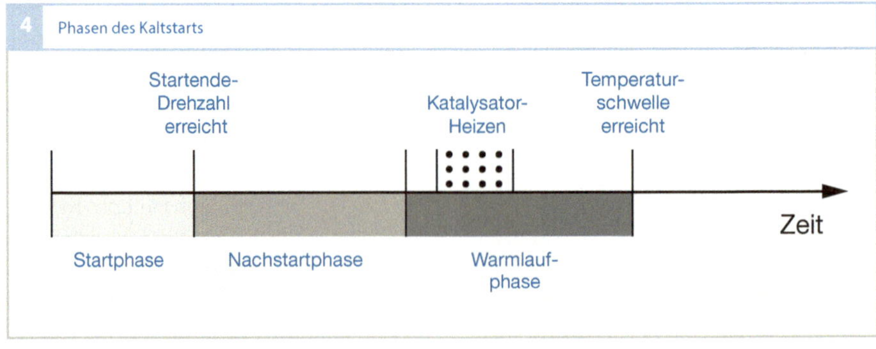

4   Phasen des Kaltstarts

Nachstartphase
In der anschließenden Nachstartphase werden die Füllung und die Einspritzmenge abhängig von der Motortemperatur und der bereits seit Startende vergangenen Zeit sukzessive reduziert.

Warmlaufphase
Die Warmlaufphase schließt sich der Nachstartphase an. Aufgrund der noch niedrigen Motortemperatur (und der daraus resultierenden erhöhten Reibmomente) besteht ein erhöhter Drehmomentbedarf. Dies bedeutet, dass weiterhin ein größerer Kraftstoffbedarf im Vergleich zum Bedarf bei warmem Motor gegeben ist. Dieser Mehrbedarf ist im Gegensatz zur Nachstartphase nur von der Motortemperatur abhängig und bis zu einer bestimmten Temperaturschwelle erforderlich.

Katalysator-Heizphase
Mit der Katalysator-Heizphase wird der Bereich des Kaltstarts bezeichnet, in dem durch Zusatzmaßnahmen ein schnelleres Aufheizen des Katalysators erreicht wird. Die Grenzen der verschiedenen Phasen sind fließend. Die Katalysator-Heizphase kann dem Warmlauf überlagert sein. Abhängig vom jeweiligen Motorsystem kann die Warmlaufphase auch über die Katalysator-Heizphase hinausreichen.

Emissionen während des Kaltstarts
Kraftstoff, der sich im Start bei kaltem Motor an der kalten Zylinderwand niederschlägt, verdunstet nicht sofort und nimmt deshalb nicht an der folgenden Verbrennung teil. Er gelangt im Ausstoßtakt in das Abgassystem und leistet somit keinen Beitrag zum Drehmomentaufbau. Um einen stabilen Motorhochlauf zu gewährleisten, ist deshalb eine erhöhte Kraftstoffmenge in Start- und Nachstartphase erforderlich.

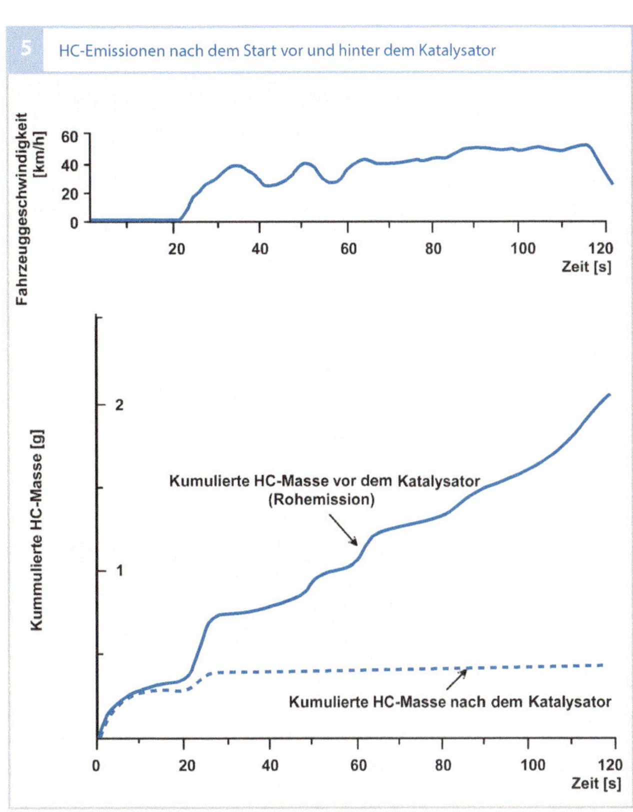

Die unverbrannt ausgestoßenen Kraftstoffbestandteile führen zu einem drastischen Anstieg der HC-Emissionen (Bild 5), aber auch der CO-Rohemissionen. Hinzu kommt, dass der Katalysator die Mindesttemperatur von etwa 300 °C erreicht haben muss, bevor er die Schadstoffe umsetzen kann. Damit der Katalysator schnell seine Betriebstemperatur erreicht, gibt es Maßnahmen, die ein schnelles Aufheizen des Katalysators ermöglichen. Zusätzlich gibt es Zusatzsysteme zur thermischen Nachbehandlung des Abgases, die in der Katalysator-Heizphase aktiviert werden.

Maßnahmen zur Aufheizung des Katalysators

Ein schnelles Aufheizen des Katalysators im Kaltstart kann durch folgende Maßnahmen erreicht werden:
- hohe Abgastemperaturen durch späte Zündwinkel und großen Gasmassenstrom,
- motornahe Katalysatoren,
- Erhöhung der Abgastemperatur durch thermische Nachbehandlung.

Die Auswahl und der Einsatz der Maßnahmen erfolgt je nach Zielmarkt und seinen entsprechenden Abgasvorschriften.

Thermische Nachbehandlung

Die unverbrannten Kohlenwasserstoffe werden im Abgastrakt durch thermische Nachbehandlung gemindert, indem sie bei hohen Temperaturen nachverbrennen. Bei fetter Motorabstimmung ist dazu eine Lufteinblasung (Sekundärlufteinblasung) erforderlich. Bei magerer Motorabstimmung erfolgt die Nachverbrennung durch den im Abgas vorhanden Restsauerstoff.

Sekundärlufteinblasung

Durch Sekundärlufteinblasung wird nach dem Startvorgang in der Warmlaufphase (mit $\lambda < 1$) zusätzlich Luft in den Abgastrakt eingebracht. Es kommt zur exothermen Reaktion mit den unverbrannten Kohlenwasserstoffen, die die hohen HC-und CO-Konzentrationen im Abgas reduzieren. Zusätzlich setzt dieser Oxidationsvorgang Wärme frei, sodass das Abgas heißer wird und den von ihm durchströmten Katalysator rasch aufheizt.

Einspritzlage

Neben der korrekten Einspritzdauer ist der Zeitpunkt der Einspritzung (die Einspritzlage) bezogen auf den Kurbelwellenwinkel ein weiterer Parameter zur Optimierung der Verbrauchs- und Abgaswerte. Für jeden einzelnen Zylinder wird zwischen vorgelagerter und saugsynchroner Einspritzung differenziert. Es handelt sich um eine vorgelagerte Einspritzung, wenn das Einspritzende für den betreffenden Zylinder zeitlich noch vor dem Öffnen des Einlassventils liegt und ein Großteil des Kraftstoffsprays auf den Kanal-

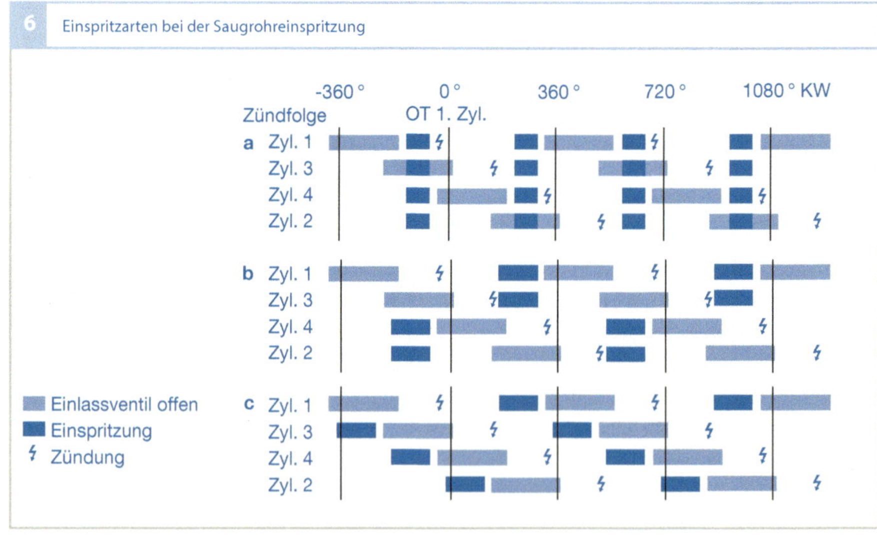

Bild 6
Der Kurbelwinkel (KW) ist auf den oberen Totpunkt des 1. Zylinders bezogen.
a simultane Einspritzung
b Gruppeneinspritzung
c sequentielle Einspritzung und zylinderindividuelle Einspritzung

boden und die Einlassventile trifft. Im Gegensatz hierzu erfolgt die saugsynchrone Einspritzung bei geöffneten Einlassventilen.

Wird hingegen die Einspritzlage aller Zylinder zueinander betrachtet, so wird zwischen folgenden Einspritzlagen unterschieden (Bild 6):
- simultane Einspritzung,
- Gruppeneinspritzung,
- sequentielle Einspritzung,
- zylinderindividuelle Einspritzung.

Die Variationsmöglichkeiten sind hierbei von der verwendeten Einspritzlage abhängig. Heute kommt nahezu ausschließlich die sequentielle Einspritzung zum Einsatz. Nur im Kaltstart bei den ersten Verbrennungen wird vereinzelt noch die simultane Einspritzung oder die Gruppeneinspritzung angewandt.

Simultane Einspritzung

Bei der simultanen Einspritzung werden alle Einspritzventile zum gleichen Zeitpunkt betätigt. Die Zeit, die zum Verdunsten des Kraftstoffs zur Verfügung steht, ist für die Zylinder unterschiedlich. Um trotzdem eine gute Gemischbildung zu erreichen, wird die für die Verbrennung benötigte Kraftstoffmenge in zwei Hälften aufgeteilt und jeweils einmal pro Kurbelwellenumdrehung eingespritzt. Bei dieser Einspritzlage ist nicht für alle Zylinder eine vorgelagerte Einspritzung möglich. Teilweise muss in das offene Einlassventil eingespritzt werden, da der Einspritzbeginn fest vorgegeben ist. Nachteilig ist hier, dass die Gemischaufbereitung für die verschiedenen Zylinder sehr unterschiedlich ist.

Gruppeneinspritzung

Bei der Gruppeneinspritzung werden die Einspritzventile zu zwei Gruppen zusammengefasst. Die beiden Gruppen spritzen die gesamte Einspritzmenge im Wechsel ein-

mal pro Kurbelwellenumdrehung ein. Diese Anordnung ermöglicht bereits eine betriebspunktabhängige Wahl des Einspritztimings und vermeidet in bestimmten Kennfeldbereichen die dort unerwünschte Einspritzung in den offenen Einlasskanal. Die Zeit, die für die Verdunstung des Kraftstoffs zur Verfügung steht, ist aber auch hier für die verschiedenen Zylinder unterschiedlich.

Sequentielle Einspritzung

Bei der sequentiellen Einspritzung (Sequential Fuel Injection SEFI) wird der Kraftstoff für jeden Zylinder einzeln eingespritzt. Die Einspritzventile werden nacheinander in der Zündfolge betätigt. Die Einspritzzeit und die Einspritzlage bezogen auf den oberen Totpunkt des jeweiligen Zylinders ist für alle Zylinder identisch. Damit ist die Gemischaufbereitung für jeden Zylinder identisch. Der Einspritzbeginn ist frei programmierbar und kann an den Motorbetriebszustand angepasst werden.

Zylinderindividuelle Einspritzung

Die zylinderindividuelle Einspritzung (Cylinder Individual Fuel Injection) bietet die größten Freiheitsgrade. Gegenüber der sequentiellen Einspritzung bietet sie den Vorteil, dass hier für jeden Zylinder die Einspritzzeit individuell beeinflusst werden kann. Damit können Ungleichmäßigkeiten z. B. bei der Zylinderfüllung ausgeglichen werden, was besonders für den Motorhochlauf im Kaltstart von großer Bedeutung für die Emissionsreduzierung ist. Der stöchiometrische Betrieb jedes Zylinders setzt hier eine zylinderspezifische Erfassung des Luftverhältnisses λ voraus. Dies bedingt eine Optimierung der Krümmergeometrie, um die Abgasdurchmischung der einzelnen Zylinder möglichst zu vermeiden.

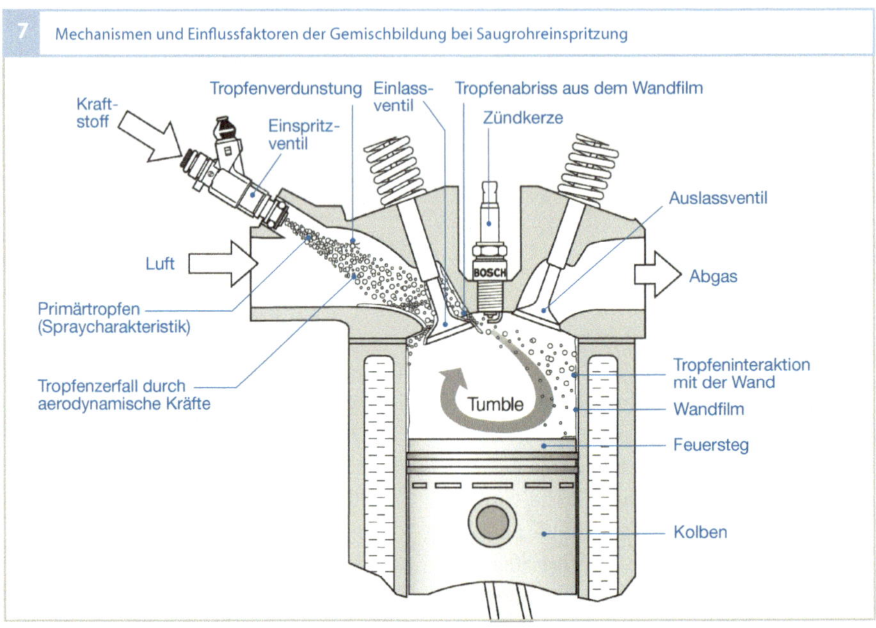

Gemischbildung

Die Gemischbildung beginnt mit der Kraftstoffeinspritzung in das Saugrohr und erstreckt sich über die Ansaugphase bis in die Kompressionsphase des jeweiligen Zylinders. Sie unterliegt vielen Forderungen wie z. B. der Bereitstellung eines zündfähigen Gemischs an der Zündkerze zum Zündzeitpunkt, einer guten Homogenisierung des Gemischs im Zylinder, einem guten dynamischen Verhalten im instationären Betrieb und geringen HC-Emissionen im Kaltstart.

Die Gemischbildung bei Saugrohreinspritzsystemen ist komplex (Bild 7). Sie erstreckt sich von der Charakteristik des primären Kraftstoffsprays über den Spraytransport im Saugrohr, den Sprayeintrag in den Brennraum bis zur Homogenisierung des Gemischs zum Zündzeitpunkt. Eine optimale Abstimmung dieser Bereiche führt letztlich zu einer guten Gemischaufbereitung. Sie unterscheidet sich teilweise für den kalten und den warmen Motorbetrieb und wird maßgeblich beeinflusst von:

- Motortemperatur,
- Primärtröpfchenspray,
- Einspritzlage,
- Spray-Targeting,
- Luftströmung.

Ziel ist es, zum Zündzeitpunkt des jeweiligen Zylinders ein homogenes Gemisch von Kraftstoffdampf und Luft im Brennraum vorliegen zu haben.

Primärtröpfchenspray

Als Primärtröpfchenspray bezeichnet man das Kraftstoffspray direkt nach dem Austritt aus dem Einspritzventil. Kleine Primärtröpfchen begünstigen tendenziell die Kraftstoffverdunstung. Allerdings ist hier zu berücksichtigen, dass bei kaltem Motor infolge niedriger Temperatur nur ein sehr geringer Anteil des eingespritzten Kraftstoffs im Saugrohr verdunstet. Der Großteil liegt als Wandfilm vor und wird in der Ansaugphase von der Luftströmung mitgerissen. Die eigentliche Gemischaufbereitung findet im Zylinder

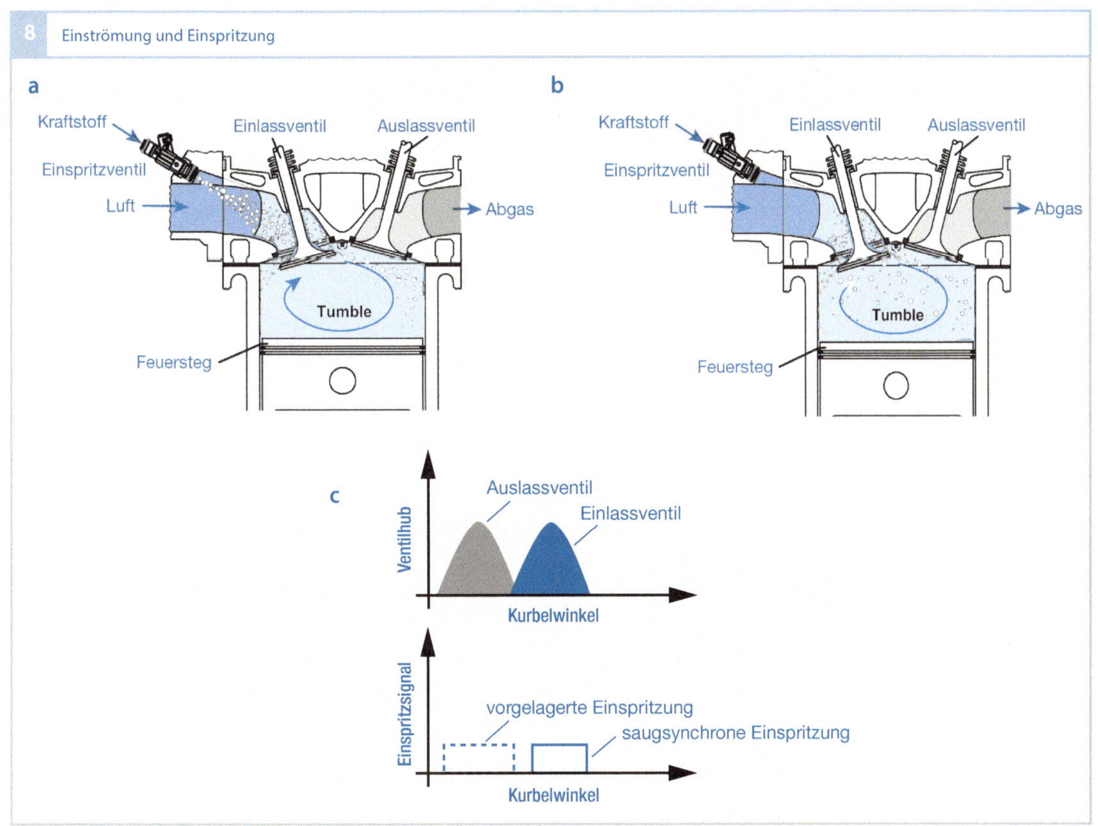

statt. Bei warmem Motor hingegen verdunstet bereits im Saugrohr ein Großteil des eingespritzten Kraftstoffsprays sowie ein Teil des vorhandenen Wandfilms.

Einspritzlage

Die Einspritzlage hat vor allem bei kaltem Motor einen großen Einfluss auf die Gemischbildung und die HC-Rohemissionen.

Saugsynchrone Einspritzung
Bei saugsynchroner Einspritzung wird ein Teil des Kraftstoffs durch die Luftströmung an die gegenüberliegende Zylinderwand Richtung Auslassventile transportiert (Bild 8a). Dieser Kraftstofffilm (Wandfilm) verdunstet an den kalten Zylinderwänden

nicht, nimmt somit nicht an der Verbrennung teil und gelangt deshalb unverbrannt in den Auslasskanal. Dies führt zu erhöhten Rohemissionen. Die saugsynchrone Einspritzung wird heute im Kaltstart nur noch selten angewandt. Sie kommt im warmen Motorbetrieb an der Volllast zur Leistungssteigerung (zur Ladungskühlung und zur Klopfreduzierung) zum Einsatz. Neue Ansätze mit zwei Einspritzventilen je Zylinder bieten hier neue Freiheitsgrade. Da bei saugsynchroner Einspritzung die Kraftstoffverdunstung weitgehend im Brennraum stattfindet, kann die Frischluftfüllung gesteigert werden. Der Grund hierfür ist, dass die flüssigen Kraftstofftröpfchen im Saugrohr ein kleineres Volumen einnehmen als

Bild 8
a) Einströmung bei saugsynchroner Einspritzung
b) Einströmung bei vorgelagerter Einspritzung
c) Lage des Einspritzsignals

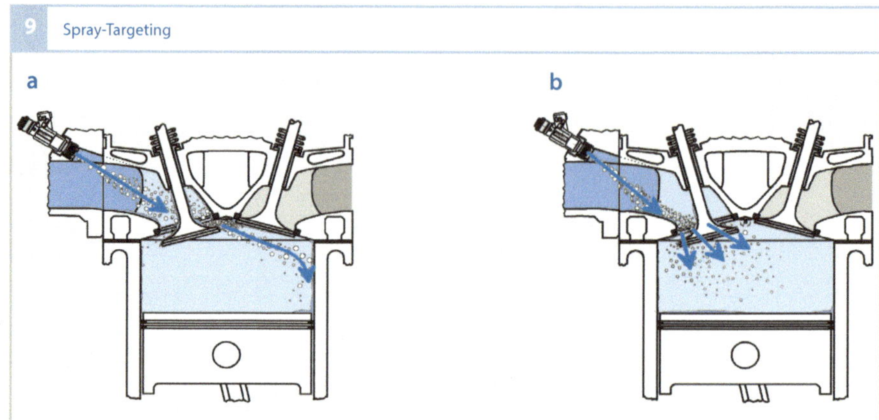

Bild 9
a) Spray-Ausrichtung zentral auf den Ventilteller
b) Spray-Ausrichtung auf die untere Kanalwand.

Dampf. Außerdem wird durch die Kraftstoffverdampfung im Brennraum die Zylinderladung abgekühlt, was sich positiv auf die Klopfneigung des Motors auswirkt.

Vorgelagerte Einspritzung
Durch eine vorgelagerte Einspritzung (Bild 8b) ist im Kaltstart eine deutliche Reduzierung der Schadstoffemissionen erreichbar. Der Kraftstoffeintrag wird in Richtung Brennraummitte verschoben und die unerwünschte Wandfilmbildung an der auslassseitigen Zylinderwand wird vermieden.

Spray-Targeting
Zusätzlich zur vorgelagerten Einspritzung können in Kombination mit optimalem Spray-Targeting (Sprayausrichtung relativ zum Saugkanal und Brennraum, Bild 9) die HC-Emissionen im Kaltstart weiter verringert werden. Bei Ausrichtung des Sprays in Richtung Kanalboden (Bild 9b) wird das angesaugte Spray verstärkt in Richtung Brennraummitte transportiert. Dadurch wird die Kraftstoffbenetzung der auslassseitigen Zylinderwand weiter reduziert, was sich in niedrigeren HC-Emissionen in der Startphase zeigt. Zudem verringert sich die Gefahr einer zu starken Benetzung der Zündkerze

mit Kraftstoff. Die Benetzung des Kanalbodens führt andererseits aber auch zu einer verstärkten Wandfilmbildung im Saugrohr. Hierbei ist der Applikationsaufwand für den Instationärbetrieb (beim Lastwechsel) etwas aufwendiger. Grundsätzlich ist immer ein Kompromiss zwischen den Anforderungen des Kaltstarts und denen des Instationärbetriebs zu suchen.

Bei Motoren mit Saugrohreinspritzung ist es notwendig, bei Laständerungen die gespeicherte Wandfilmmasse im Saugrohr zu berücksichtigen. Bei einer sprunghaften Lasterhöhung wird mehr Wandfilm aufgebaut. Es würde ein unerwünschter Luftüberschuss entstehen, falls bei der Berechnung der notwendigen Einspritzmenge die gespeicherte Wandfilmmenge und ihr verzögerter Eintrag in den Brennraum nicht berücksichtigt würde. Hierfür sind im Motorsteuergerät Wandfilm-Kompensationsfunktionen integriert, die bei der Applikation auf die jeweilige Motorgeometrie und das Spray-Targeting bedatet werden müssen, um weitgehend einen Betrieb bei $\lambda = 1$ auch im instationären Betriebszustand zu gewährleisten.

Luftströmung

Die Luftströmung wird maßgeblich durch die Motordrehzahl, die geometrische Gestaltung des Einlasskanals sowie durch die Öffnungszeiten und die Erhebungskurve der Einlassventile beeinflusst. Teilweise sind Ladungsbewegungsklappen im Einsatz, um zusätzlich auf die Strömungsrichtung (Tumble, Drall) betriebspunktabhängig Einfluss zu nehmen. Ziel ist es, die notwendige Luft in der zur Verfügung stehenden Zeit in den Brennraum zu bekommen und eine gute Homogenisierung des Luft-Kraftstoff-Gemischs im Brennraum bis zum Zündzeitpunkt zu erzielen.

Eine starke Zylinderinnenströmung begünstigt eine gute Homogenisierung und ermöglicht eine Erhöhung der AGR-Verträglichkeit (Abgasrückführrate), wodurch eine Verbrauchs- und NO_x-Reduzierung erzielt werden kann. Eine starke Zylinderinnenströmung verringert jedoch bei Volllast die Füllung, was eine Absenkung des maximalen Drehmoments und der maximalen Leistung zur Folge hat. Daher werden überwiegend variable Klappen eingesetzt, um eine hohe Ladungsbewegung in der Teillast und eine minimale Drosselung in der Volllast zu kombinieren (Bild 11, Pos. 8).

Sekundäre Gemischaufbereitung

Zusätzlich unterstützt die Luftströmung auch die Kraftstoffaufbereitung (durch sekundäre Gemischaufbereitung). Besteht zum Zeitpunkt des Öffnens der Einlassventile (EÖ) ein Differenzdruck zwischen Saugrohr und Brennraum, werden durch die entstehende Strömung die Kraftstoffaufbereitung und der Transport beeinflusst. Ist der Saugrohrdruck beim Öffnen des Einlassventils wesentlich größer als der Brennraumdruck, so werden das Luft-Kraftstoff-Gemisch und der Wandfilm im Ventilspalt beschleunigt in den Brennraum gesaugt.

Ist der Saugrohrdruck beim Öffnen der Einlassventile kleiner als im Brennraum, dann strömt warmes Abgas aus der vorhergehenden Verbrennung zurück in das Saugrohr. Hier wird zum einen die Aufbereitung des Wandfilms und der Kraftstofftröpfchen durch die Rückströmung begünstigt, zum anderen unterstützt das warme Abgas zusätzlich die Verdunstung. Dieser Vorgang ist besonders beim Kaltstart in der Warmlauf- und in der Katalysator-Heizphase wichtig.

Benzin-Direkteinspritzung

Einleitung

Die Benzin-Direkteinspritzung ermöglicht eine effektive Weiterentwicklung von Ottomotoren hinsichtlich Verbrauch und Abgas, bei der auch die Fahrdynamik und der Fahrkomfort nicht zu kurz kommen muss. Sie ist der Schlüssel für effektives Downsizing von Ottomotoren und ermöglicht Verbrauchseinsparungen bis zu 20 %. Durch die Synergie von Benzin-Direkteinspritzung, Abgasturboaufladung und einer variablen Nockenwellensteuerung können Drehmomente und Motorleistungen realisiert werden, die bislang nur größeren Motorhubräumen und -zylinderzahlen vorbehalten waren.

Für den Fahrer äußert sich dies z. B. im hochdynamischen Ansprechverhalten des Fahrzeugs bei Geschwindigkeitsänderungen, was im heutigen Straßenverkehr einen Komfort- und einen Sicherheitsaspekt darstellt. Überdies lässt die Benzin-Direkteinspitzung eine Gesamtoptimierung des Antriebs zu, um kostengünstige Abgasnachbehandlungskonzepte für künftige Emissionsgrenzen, wie z. B. EU6 in Europa und SULEV in USA, darzustellen.

Übersicht

Die Forderung nach leistungsfähigen Ottomotoren bei gleichzeitig niedrigem Kraftstoffverbrauch und niedrigen Emissionen führte zur Wiederentdeckung der Benzin-Direkteinspritzung. Gegenüber Saugrohr-Einspritzsystemen bietet die Benzin-Direkteinspritzung zusätzliche Freiheitsgrade aufgrund der inneren Gemischbildung. Sie bietet die Grundlage moderner und leistungsfähiger Brennverfahren wie z. B. des Schichtmagerbetriebs oder der homogenen Kompressionszündung (HCCI). Bei Turbomotoren mit stöchiometrischer Verbrennung ergeben sich Vorteile im Drehmoment

im unteren Drehzahlbereich durch eine erhöhte Überschneidung der Ladungswechselventile und durch die geringere Klopfneigung aufgrund der Verdampfung des Kraftstoffs im Brennraum.

Das Prinzip ist nicht neu. Bereits 1937 kam ein Flugzeugmotor mit einer mechanischen Benzin-Direkteinspritzung zum Einsatz. 1951 wurde ein Zweitakt-Motor mit einer mechanischen Benzin-Direkteinspritzung erstmals serienmäßig in einem Pkw, dem Gutbrod, eingebaut. 1954 folgte der Mercedes 300 SL mit einem Viertakt-Motor und Direkteinspritzung.

Die Konstruktion eines direkteinspritzenden Motors war für die damalige Zeit sehr aufwendig. Zudem stellte diese Technik hohe Anforderungen an die benötigten Werkstoffe. Die Dauerhaltbarkeit des Motors war ein weiteres Problem. All diese Probleme verhinderten über eine lange Zeit den Durchbruch der Benzin-Direkteinspritzung.

Arbeitsweise

Benzin-Direkteinspritzsysteme sind durch eine Hochdruckeinspritzung direkt in den Brennraum gekennzeichnet (Bild 10). Das Luft-Kraftstoff-Gemisch entsteht wie beim Dieselmotor innerhalb des Brennraums (durch innere Gemischbildung). Das Kraftstoffsystem besteht aus Elektrokraftstoffpumpe, Hochdruckpumpe, Rail, Hochdrucksensor und den Einspritzventilen (Bild 11).

Hochdruckerzeugung

Die Elektrokraftstoffpumpe (Bild 11, Pos. 10) fördert den Kraftstoff mit dem Vorförderdruck von 3...5 bar zur Hochdruckpumpe (11). Diese erzeugt abhängig vom Betriebspunkt (gefordertes Drehmoment und Drehzahl) den Systemdruck. Der unter Hochdruck stehende Kraftstoff gelangt in das Rail (12) und wird dort gespeichert. Der

Kraftstoffdruck wird mit dem Hochdruck-sensor (13) gemessen und über das in der Hochdruckpumpe integrierte Mengensteu-erventil auf Werte zwischen 50 und 200 bar eingestellt. Am Rail, auch als „Common Rail" bezeichnet, sind die Hochdruck-Ein-spritzventile (14) angeordnet. Sie werden vom Motorsteuergerät angesteuert und sprit-zen den Kraftstoff in den Brennraum des Zylinders ein. Die Komponenten der Bosch-Benzin-Direkteinspritzung sind aus Edel-stahl gefertigt und somit robust im Einsatz mit unterschiedlichen Kraftstoffen. Die Me-dienverträglichkeit besteht für alle gängigen Kraftstoffe, E85 (85 % Ethanol und 15 % Benzin) und M15 (15 % Methanol und 85 % Benzin). Weitere Kraftstoffe können in Ab-stimmung mit dem Fahrzeughersteller frei-gegeben werden.

Brennverfahren und Betriebsarten
Brennverfahren

Als Brennverfahren wird die Art und Weise bezeichnet, wie das Gemisch im Brennraum gebildet und die Energie durch die Verbren-nung freigesetzt wird. Hierbei werden die Abläufe durch viele Parameter beeinflusst. Wesentliche Parameter sind die Geometrie des Brennraums, die Brennraumströmung und die Ausrichtung des Kraftstoffsprays, aber auch die steuerbaren Größen wie der Einspritz- und der Zündungszeitpunkt. Die Optimierung all dieser Parameter ist die Grundvoraussetzung für ein robust ablau-fendes Brennverfahren mit rascher und voll-ständiger Verbrennung und geringen Emis-sionen.

Die Kraftstoffverteilung im Brennraum wird stark durch die Einbaulage des Ein-spritzventils beeinflusst. Heute haben sich bei den üblichen Vierventilmotoren die beiden Einbaulagen seitlich und zentral eta-bliert. Bei seitlicher Einbaulage wird der

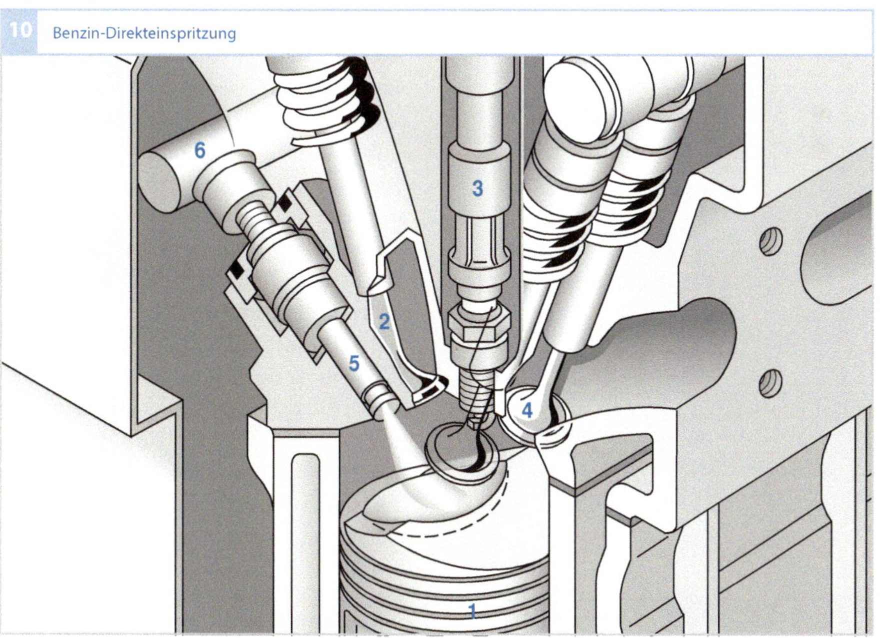

Bild 10
1 Kolben
2 Einlassventil
3 Zündkerze mit auf-
   gesteckter Zünd-
   spule
4 Auslassventil
5 Hochdruck-Ein-
   spritzventil
6 Kraftstoffverteiler-
   rohr (Rail)

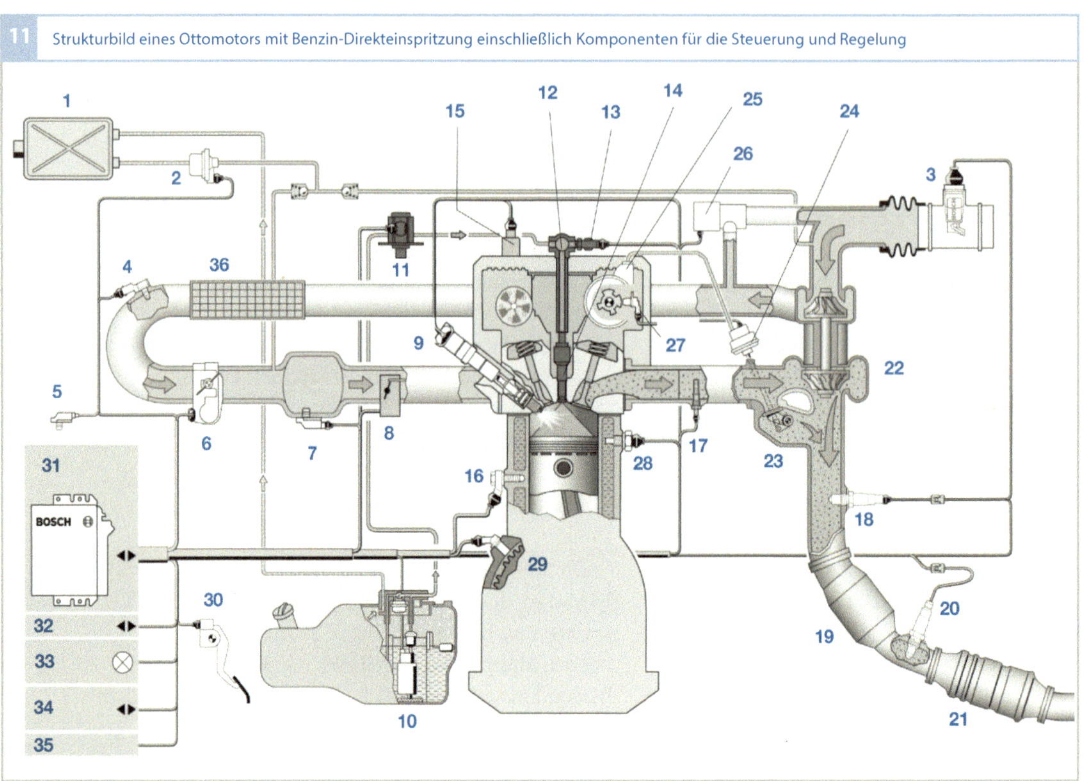

Bild 11

1 Aktivkohlebehälter	19 Vorkatalysator
2 Tankentlüftungsventil	20 λ-Sonde
3 Heißfilm-Luftmassenmesser	21 Hauptkatalysator
4 kombinierter Ladedruck- und Ansaug-	22 Abgasturbolader
lufttemperatursensor	23 Waste-Gate
5 Umgebungsdrucksensor	24 Waste-Gate-Steller
6 Drosselvorrichtung (EGAS)	25 Vakuumpumpe
7 Saugrohrdrucksensor	26 Schub-Umluftventil
8 Ladungsbewegungsklappe	27 Nockenwellenphasensensor
9 Zündspule mit Zündkerze	28 Motortemperatursensor
10 Kraftstofffördermodul mit Elektro-	29 Drehzahlsensor
kraftstoffpumpe	30 Fahrpedalmodul
11 Hochdruckpumpe	31 Motorsteuergerät
12 Kraftstoff-Verteilerrohr	32 CAN-Schnittstelle
13 Hochdrucksensor	33 Motorkontrollleuchte
14 Hochdruck-Einspritzventil	34 Diagnoseschnittstelle
15 Nockenwellenversteller	35 Schnittstelle zur Wegfahrsperre
16 Klopfsensor	36 Ladeluftkühler
17 Abgastemperatursensor	
18 λ-Sonde	

Injektor unterhalb des Einlasskanals positioniert (Bild 12a) . Der Kraftstoff wird zwischen den Einlassventilen in den Brennraum eingespritzt. Ein wesentlicher Vorteil dieser Einbaulage ist die relativ einfache Anpassung eines Zylinderkopfes einer bestehenden Saugrohreinspritzung, was den Umstieg auf die Direkteinspritzung für die Motorenhersteller deutlich erleichtert.

Bei zentraler Einbaulage haben sich in Serienmotoren zwei Positionierungsmöglichkeiten durchgesetzt, der longitudinale und der transversale Einbau (Bild 12b, c). Beim longitudinalen Einbau liegen Zündkerze und Injektor im Zylinderdach zwischen den Ein- und Auslassventilen. Dadurch kann eine bessere Zylinderkopfkühlung erreicht werden. Es bleibt auch ein größerer Freiraum für die Einlass- und Auslasskanäle. Bei der

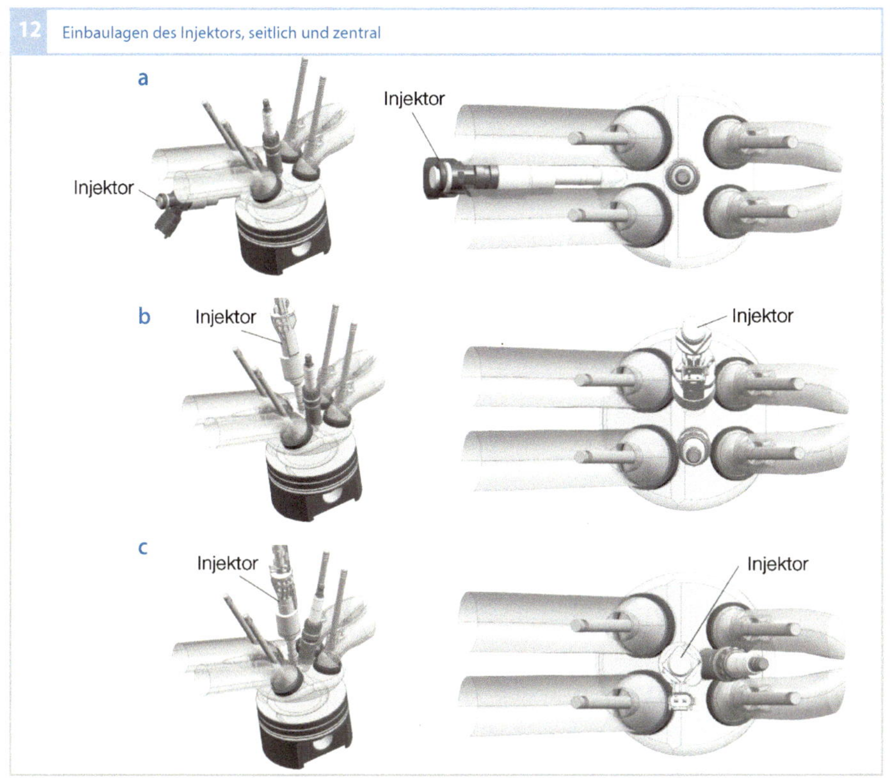

Bild 12
a seitlicher Einbau
b zentral longitudinal
c zentral transversal

transversalen Einbaulage liegt der Injektor zwischen den Einlassventilen, die Zündkerze zwischen den Auslassventilen. Bei dieser Positionierung bleibt die Injektorspitze vergleichsweise kühl. Die Robustheit gegen Ablagerungen an der Injektorspitze wird dadurch verbessert. Die zentrale Einbaulage erlaubt zudem, das volle Potential der Verbrauchsreduzierung durch Kraftstoffschichtung zu nutzen. Heutige Schichtbrennverfahren verwenden hierzu die transversale Einbaulage.

Ein Brennverfahren besteht oft aus mehreren verschiedenen Betriebsarten, auf die betriebspunktabhängig umgeschaltet wird. Prinzipiell teilen sich die Brennverfahren in zwei Klassen auf: in Homogen- und Schichtbrennverfahren.

Homogenbrennverfahren
Beim Homogenbrennverfahren wird in der Regel im gesamten Motorkennfeld ein im Mittel stöchiometrisches Gemisch im Brennraum gebildet (Bild 13). Das bedeutet, dass immer eine Luftzahl von $\lambda = 1$ vorliegt. Damit wird wie bei der Saugrohreinspritzung die Abgasnachbehandlung durch einen Drei-Wege-Katalysator ermöglicht. Dieses Brennverfahren wird in Verbindung mit einer Aufladung häufig beim Downsizing (Reduzierung des Hubraums bei gleichzeitiger Effizienzsteigerung) angewandt, um den Kraftstoffverbrauch zu senken.

Das Homogenbrennverfahren wird immer im Homogenmodus betrieben, allerdings kann es auch hier Sonderbetriebsarten geben, die motorindividuell unterschiedlich

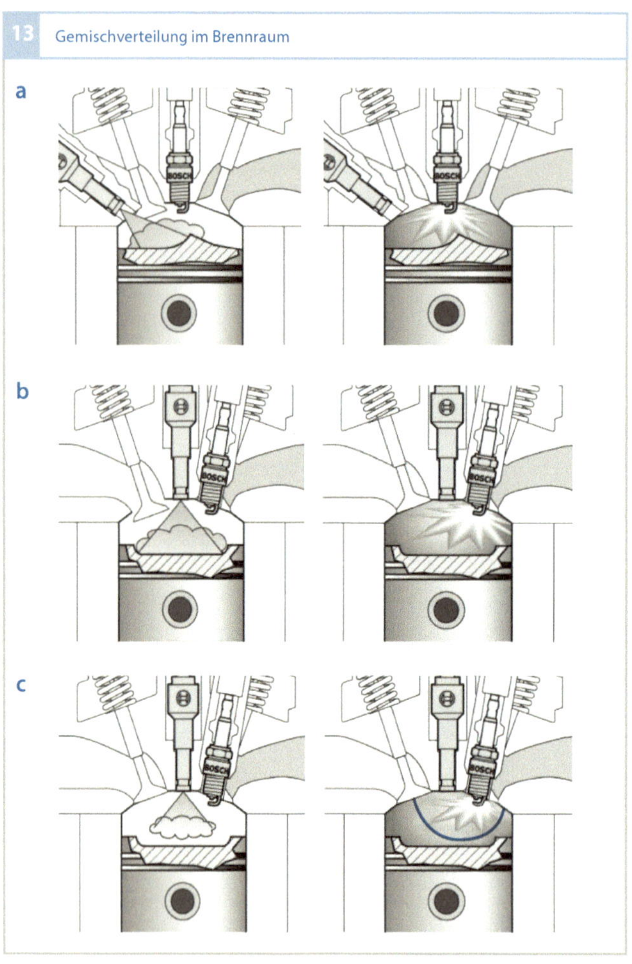

Bild 13

a seitliche Einbaulage des Einspritzventils: homogene Gemischbildung und Verbrennung

b zentrale Einbaulage des Einspritzventils: homogene Gemischbildung und Verbrennung

c zentrale Einbaulage des Einspritzventils: geschichtete Gemischbildung und Verbrennung, die blaue Linie markiert die Gemischwolke

zu bestimmten Einsatzzwecken genutzt werden.

Schichtbrennverfahren
Beim Schichtbrennverfahren wird in einem bestimmten Kennfeldbereich (kleine Last, kleine Drehzahl) der Kraftstoff erst im Verdichtungstakt in den Brennraum eingespritzt und ggf. als Schichtwolke zur Zündkerze transportiert (Bild 13c). Die Wolke ist dabei im idealen Fall von reiner Frischluft umgeben. Somit ist nur in der lokalen Wolke ein zündfähiges Gemisch vorhanden. Gemittelt über den gesamten Brennraum liegt eine Luftzahl $\lambda > 1$ vor. Dadurch kann in größeren Bereichen ungedrosselt gefahren werden, was aufgrund der reduzierten Ladungswechselverluste und der wegen der erhöhten Verdünnung reduzierten mittleren Gastemperatur, und damit günstigen Stoffwerten der Zylinderladung im Brennraum, zu einer Erhöhung des Wirkungsgrads führt. Das Schichtbrennverfahren ist ein mageres Verbrauchskonzept mit hohen Potentialen für den Ottomotor.

Heute wird in Neufahrzeugen aufgrund der hohen Kosten für das Abgassystem nur noch das Schichtkonzept mit dem größten Verbrauchspotential, das strahlgeführte Brennverfahren, eingesetzt.

Wand- und luftgeführtes Brennverfahren
Beim wand- und luftgeführten Brennverfahren sitzt der Injektor in seitlicher Einbaulage (Bild 14a-c). Der Gemischtransport erfolgt über die Kolbenmulde, die (im Falle der Wandführung) entweder direkt mit dem Kraftstoff interagiert oder die Luftströmung im Brennraum so führt, dass (im Falle der Luftführung) der Kraftstoff auf einem Luftpolster zur Zündkerze geleitet wird. Reale geschichtete Brennverfahren mit seitlichem Injektoreinbau vereinen meist beides, abhängig vom Einbauwinkel der Injektoren, der eingespritzten Kraftstoffmenge und der Ladungsbewegung im Brennraum. Wand- und luftgeführte Schichtbrennverfahren werden seit ca. 2005 aus Kosten-Nutzen-Gründen in Serienmotoren nicht mehr umgesetzt.

Strahlgeführtes Brennverfahren

Das strahlgeführte Brennverfahren verwendet die zentrale Einbaulage. Die Zündkerze ist injektornah im Brennraumdach eingebaut (Bild 14d). Der Vorteil dieser Anordnung ist die Möglichkeit der direkten Strahlführung des Kraftstoffstrahls zur Zündkerze ohne Umwege über Kolben oder Luftströmungen. Nachteilig ist allerdings die kurze Zeit, die zur Gemischaufbereitung zur Verfügung steht. Strahlgeführte Schichtbrennverfahren benötigen daher einen Kraftstoffdruck von ca. 200 bar und eine hohe Gemischgüte. Dies wird beim Injektor für strahlgeführte Brennverfahren durch eine außenöffnende Düse mit Lamellenzerfall erreicht.

Das strahlgeführte Brennverfahren erfordert eine exakte Positionierung von Zündkerze und Einspritzventil sowie eine präzise Strahlausrichtung, um das Gemisch zum richtigen Zeitpunkt entzünden zu können. Die Wärmewechselbelastung der Zündkerze ist dabei sehr hoch, da die heiße Zündkerze unter Umständen vom relativ kalten Einspritzstrahl direkt benetzt wird. Bei guter Auslegung des Systems weist das strahlgeführte Brennverfahren einen höheren Wirkungsgrad auf als die anderen geschichteten Brennverfahren, sodass hier gegenüber dem Schichtbetrieb mit wand- und luftgeführten Brennverfahren eine noch höhere Verbrauchsersparnis erreicht werden kann. Außerhalb des Schichtbetriebbereichs wird auch beim Schichtbrennverfahren der Motor im Homogenmodus betrieben.

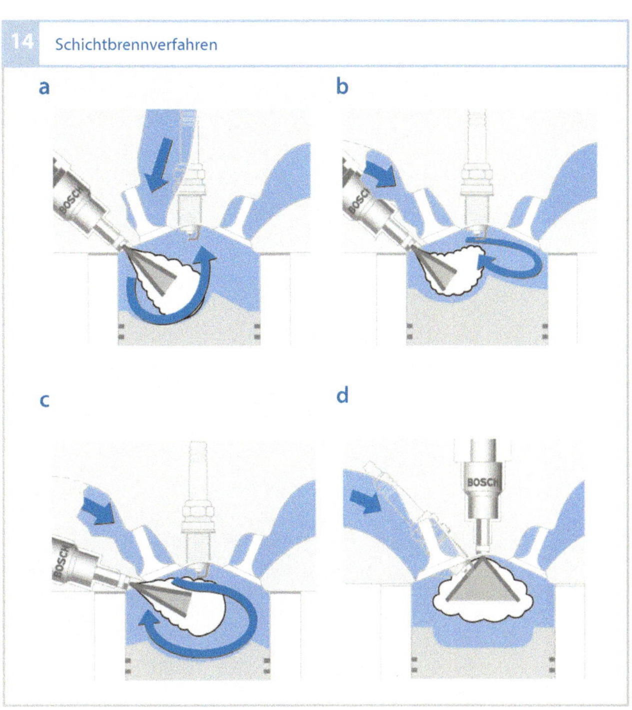

14 Schichtbrennverfahren

Bild 14
a–c   wand- und luftgeführte Brennverfahren
a, b   Gemischtransport über die Kolbenmulde
d   strahlgeführtes Brennverfahren

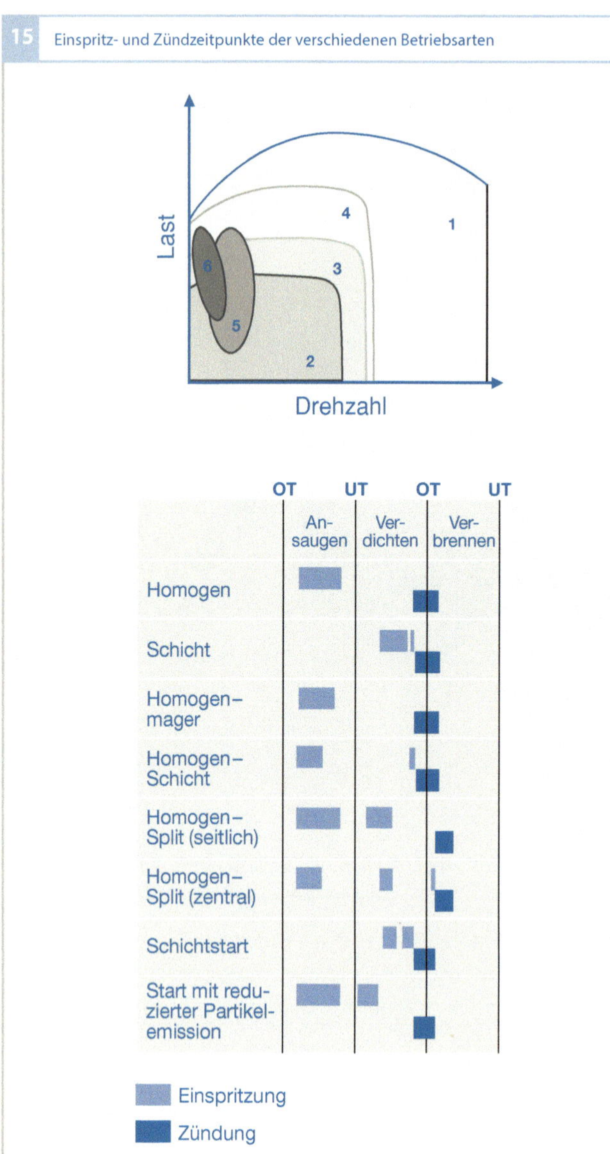

Bild 15
1　Homogen
2　Schichtbetrieb
3　Homogen-Mager
4　Homogen-Schicht
5　Homogen-Split (zum
　　Katalysator-Heizen)
6　Schichtstart und
　　Start mit reduzierter
　　Partikelemission

Betriebsarten

Im Folgenden sollen die unterschiedlichen Betriebsarten, die bei der Benzin-Direkteinspritzung eingesetzt werden, aufgeführt werden. Je nach Betriebspunkt des Motors wird die geeignete Betriebsart von der Motorsteuerung eingestellt (Bild 15).

Homogen

Im Homogenmodus wird die eingespritzte Kraftstoffmenge genau im stöchiometrischen Verhältnis ($\lambda = 1$), z. B. bei Super-Benzin 14,7:1, der Frischluft zugemessen. Dabei wird der Kraftstoff im Ansaughub eingespritzt, damit genügend Zeit verbleibt, um das gesamte Gemisch zu homogenisieren. Zum Bauteilschutz des Katalysators oder zur Leistungssteigerung an der Volllast wird in Teilen des Betriebskennfelds auch mit leichtem Kraftstoffüberschuss gefahren ($\lambda < 1$). Die Betriebsart „Homogen" ist bei einer hohen Drehmomentanforderung notwendig, da sie den gesamten Brennraum ausnutzt. Wegen des stöchiometrisch vorliegenden Luft-Kraftstoff-Gemischs ist in dieser Betriebsart auch die Rohemission von Schadstoffen niedrig, die zudem vom Drei-Wege-Katalysator vollständig konvertiert werden kann. Beim Homogenbetrieb entspricht die Verbrennung weitgehend der Verbrennung bei der Saugrohreinspritzung.

Schichtbetrieb

Beim Schichtbetrieb wird der Kraftstoff erst im Verdichtungstakt eingespritzt. Der Kraftstoff soll dabei nur mit einem Teil der Luft aufbereitet werden. Es entsteht eine Schichtwolke, die idealerweise von reiner Frischluft umgeben ist. Das Einspritzende ist im Schichtbetrieb sehr wichtig. Die Schichtwolke muss zum Zündzeitpunkt nicht nur ausreichend homogenisiert, sondern auch an der Zündkerze positioniert sein. Da im Schichtbetrieb nur lokal ein stöchiometrisches Gemisch vorliegt, ist das Gemisch durch die umhüllende Frischluft im Mittel mager. Hierbei ist eine aufwendigere Abgasnachbehandlung notwendig, da der Dreiwegekatalysator im Magerbetrieb keine NO_x-Emissionen reduzieren kann.

Der Schichtbetrieb kann nur in vorgegebenen Grenzen betrieben werden, da sich zu höheren Lasten die Ruß- oder die NO_x-Emissionen deutlich erhöhen und der Verbrauchsvorteil gegenüber dem Homogenbetrieb schwindet. Bei kleineren Lasten ist der Schichtbetrieb durch niedrige Abgasenthalpien begrenzt, weil die Abgastemperaturen so gering werden, dass der Katalysator allein durch das Abgas nicht auf Betriebstemperatur gehalten werden kann. Der Drehzahlbereich ist beim Schichtbetrieb bis ungefähr $n = 3500$ min^{-1} begrenzt, da oberhalb dieser Schwelle die zur Verfügung stehende Zeit nicht mehr ausreicht, um die Schichtwolke zu homogenisieren.

Die Schichtwolke magert in der Randzone zur umgebenden Luft ab. Bei der Verbrennung entstehen daher in dieser Zone erhöhte NO_x-Rohemissionen. Abhilfe schafft bei dieser Betriebsart eine hohe Abgasrückführrate. Die rückgeführten Abgase reduzieren die Verbrennungstemperatur und senken dadurch die temperaturabhängigen NO_x-Emissionen.

Homogen-Mager
In einem Übergangsbereich zwischen Schicht- und Homogenbetrieb kann der Motor mit Schichtbrennverfahren mit homogenem mageren Gemisch betrieben werden ($\lambda > 1$). Im Homogen-Mager-Betrieb ist der Kraftstoffverbrauch gegenüber dem Homogenbetrieb mit $\lambda = 1$ geringer, da die Ladungswechselverluste durch die Entdrosselung geringer werden. Zu beachten sind aber die erhöhten NO_x-Emissionen, da der Dreiwegekatalysator in diesem Bereich diese

Emissionen nicht reduzieren kann. Zusätzliche NO_x-Emissionen bedeuten wiederum Wirkungsgradverluste durch die Regenerierungsphasen eines hier notwendigen NO_x-Speicherkatalysators.

Homogen-Schicht
Im Homogen-Schicht-Betrieb ist der gesamte Brennraum mit einem homogen-mageren Grundgemisch gefüllt. Dieses Gemisch entsteht durch Einspritzung einer Grundmenge an Kraftstoff in den Ansaugtakt. Eine zweite Einspritzung erfolgt im Kompressionstakt. Dadurch entsteht eine fettere Zone im Bereich der Zündkerze. Diese Schichtladung ist leichter entflammbar und kann mit der Flamme – ähnlich einer Fackelzündung – das homogen-magere Gemisch im übrigen Brennraum sicher entzünden.

Der Aufteilungsfaktor zwischen den beiden Einspritzungen beträgt ungefähr 75 %. Das bedeutet, 75 % des Kraftstoffs werden bei der ersten Einspritzung, die für das homogene Grundgemisch sorgt, eingespritzt. Ein stationärer Homogen-Schicht-Betrieb bei niedrigen Drehzahlen im Übergangsbereich zwischen Schicht- und Homogenbetrieb reduziert die Rußemission gegenüber dem Schichtbetrieb und verringert den Kraftstoffverbrauch gegenüber dem Homogenbetrieb.

Homogen-Split
Der Homogen-Split-Modus ist eine spezielle Anwendung der Homogen-Schicht-Doppeleinspritzung. Er wird bei allen Motoren mit Benzindirekteinspritzung zum raschen Aufheizen des Katalysators nach dem Kaltstart eingesetzt. Durch die stabilisierend wirkende zweite Einspritzung im frühen Kompressionstakt bei seitlicher Einbaulage oder direkt vor der Zündung bei zentraler Einbaulage kann die Zündung extrem spät (bei einem Kurbelwinkel von 15 ... 30 ° nach ZOT) er-

folgen. Ein großer Anteil der Verbrennungsenergie wird dann nicht mehr in eine Drehmomentensteigerung eingehen, sondern erhöht die Abgasenthalpie. Durch diesen hohen Abgaswärmestrom ist der Katalysator schon wenige Sekunden nach dem Start einsatzbereit.

Schichtstart
Beim Schichtstart wird die Starteinspritzmenge im Kompressionshub und unter erhöhtem Kraftstoffdruck eingespritzt, anstatt konventionell im Ansaughub bei Vordruck eingespritzt zu werden. Der Vorteil dieser Einspritzstrategie beruht darauf, dass in bereits komprimierte und damit erwärmte Luft eingespritzt wird. Dadurch verdunstet prozentual mehr Kraftstoff als bei kalten Umgebungsbedingungen, bei denen sonst ein deutlich größerer Anteil des eingespritzten Kraftstoffs als flüssiger Wandfilm im Brennraum verbleibt und nicht an der Verbrennung teilnimmt. Die einzuspritzende Kraftstoffmenge kann daher beim Schicht-Start deutlich verringert werden. Dies führt zu stark reduzierten HC-Emissionen beim Start. Da zum Startzeitpunkt der Katalysator noch nicht wirken kann, ist dies eine wichtige Betriebsart für die Entwicklung von Niedrigemissionskonzepten. Zusätzlich bewirkt diese Schichteinspritzung eine deutlich stabilere Startverbrennung, was wiederum die Startrobustheit erhöht. Um eine Aufbereitung in der kurzen, zur Verfügung stehenden Zeit zu ermöglichen, wird der Schichtstart mit einem Kraftstoffdruck von ca. 50 bar durchgeführt. Dieser Druck kann von der Hochdruckpumpe bereits durch die Umdrehungen des Starters zur Verfügung gestellt werden.

Start mit reduzierter Partikelemission
Aufgrund der erhöhten Anforderungen der EU6-Emissionsgesetze zur Senkung der Partikelemission werden heute im Start Einspritzstrategien mit reduzierter Partikelemission verwendet. So wird meist eine Mehrfacheinspritzung mit einer Ersteinspritzung in der Saugphase angewandt. Ein zweiter Anteil wird in die frühe Kompressionsphase eingespritzt, wodurch sehr inhomogene Schichtwolken vermieden werden. Partikel werden nur in lokalen Gemischbereichen erzeugt, in denen eine Luftzahl $\lambda < 0,5$ besteht.

Gemischbildung, Zündung und Entflammung
Aufgabe der Gemischbildung ist die Bereitstellung eines möglichst homogenen, brennfähigen Luft-Kraftstoff-Gemischs zum Zeitpunkt der Zündung.

Anforderungen
In der Betriebsart Homogen (Homogen mit $\lambda \leq 1$ und auch Homogen-Mager mit $\lambda > 1$) soll das Gemisch im gesamten Brennraum homogen sein. Im Schichtbetrieb hingegen ist das Gemisch nur innerhalb eines räumlich begrenzten Bereichs teilweise homogen, während sich im restlichen Brennraum Frischluft oder Inertgas befindet. Homogen kann eine Gas-Mischung oder eine Gas-Kraftstoffdampf-Mischung nur dann sein, wenn der gesamte Kraftstoff verdunstet ist. Einfluss auf die Verdunstung haben viele Faktoren, vor allem
- die Temperatur im Brennraum,
- die Brennraumströmung,
- die Tropfengröße des Kraftstoffs,
- die Zeit, die zur Verdunstung zur Verfügung steht.

Einflussgrößen

Brennfähig ist ein Gemisch mit Ottokraftstoff mit λ im Bereich von 0,6 bis 1,6; abhängig von Temperatur, Druck und Brennraumgeometrie des Motors.

Temperatureinfluss

Die Temperatur beeinflusst maßgeblich die Verdunstung des Kraftstoffs. Bei tieferen Temperaturen verdunstet er nicht vollständig. Deshalb muss unter diesen Bedingungen mehr Kraftstoff eingespritzt werden, um ein brennfähiges Gemisch zu erhalten.

Druckeinfluss

Die Tropfengröße des eingespritzten Kraftstoffs ist abhängig vom Einspritzdruck und vom Druck im Brennraum. Mit steigendem Einspritzdruck können kleinere Tropfengrößen erzielt werden, die schneller verdunsten.

Geometrieeinfluss

Bei gleichem Brennraumdruck und steigendem Einspritzdruck erhöht sich die Eindringtiefe, d. h. die Weglänge, die der einzelne Tropfen zurücklegt, bis er vollständig verdunstet ist. Ist dieser zurückgelegte Weg länger als der Abstand vom Einspritzventil zur Brennraumwand, wird die Zylinderwand oder der Kolben benetzt. Verdunstet der so entstehende Wandfilm nicht rechtzeitig bis zur Zündung, nimmt er nicht oder nur unvollständig an der Verbrennung teil und erzeugt HC- und Partikelemissionen. Wandfilme sind bei homogenen Brennverfahren die Hauptquelle der Partikelemissionen. Die Geometrie des Motors (bezüglich Einlasskanal und Brennraum) ist auch verantwortlich für die Luftströmung und die Turbulenz im Brennraum, die wesentliche Faktoren für den Einfluss auf die Brenngeschwindigkeit sind.

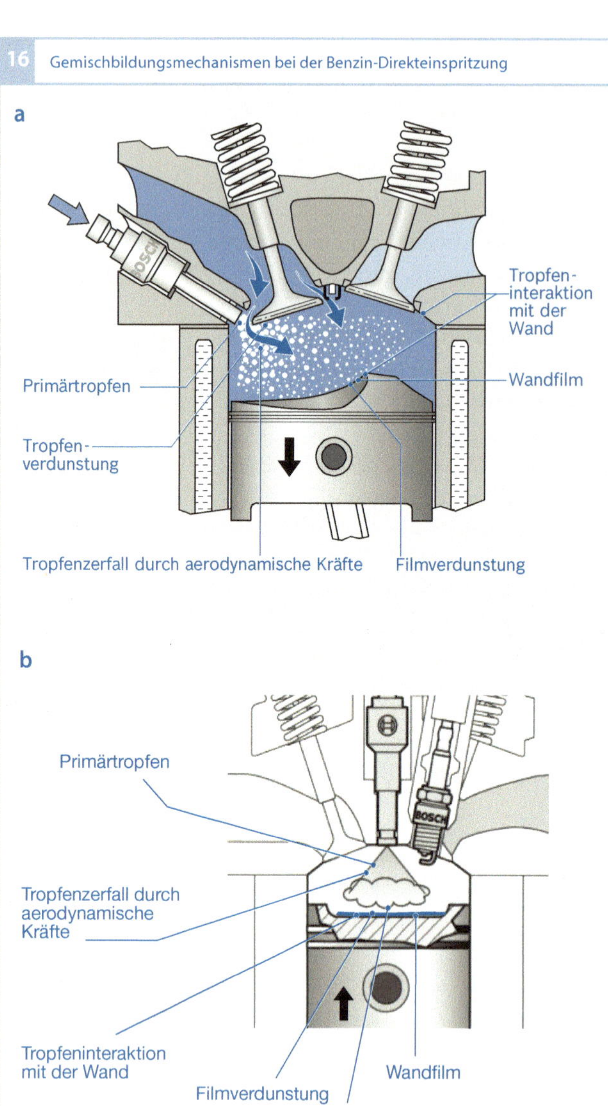

Bild 16
a Homogenbetrieb
b Schichtbetrieb

Gemischbildung und Verbrennung im Homogenbetrieb

Um eine lange Zeit für die Gemischbildung zu erhalten, sollte der Kraftstoff frühzeitig eingespritzt werden. Deshalb wird im Homogenbetrieb bereits im Ansaugtakt eingespritzt und mithilfe der einströmenden Luft eine schnelle Verdunstung des Kraftstoffs und eine gute Homogenisierung des Gemischs erreicht (Bild 16a). Die Aufbereitung wird vor allem durch hohe Strömungsgeschwindigkeiten und deren aerodynamische Kräfte im Bereich des öffnenden und schließenden Einlassventils unterstützt. Bei aufgeladenen Motoren wird eine starke Tumbleströmung verwendet, die zum einen das fein aufbereitete Kraftstoffspray von der Wand fernhält, und zum anderen durch die starke Durchmischung des Kraftstoffgemisches die Verdunstung und Homogenisierung fördert. Zusätzlich erzeugt zum Zeitpunkt der Entflammung der Zerfall der Tumbleströmung in Turbulenz einen raschen Durchbrand. Die Zündungs- und Entflammungsbedingungen homogener Gemische bei der Benzin-Direkteinspritzung entsprechen weitgehend denen bei der Saugrohreinspritzung.

Gemischbildung und Verbrennung im Schichtbetrieb

Für den Schichtbetrieb ist die Ausbildung der brennfähigen Gemischwolke, die sich zum Zündzeitpunkt im Bereich der Zündkerze befindet, entscheidend. Dazu wird beim strahlgeführten Brennverfahren der Kraftstoff während der Verdichtungsphase so eingespritzt, dass eine kompakte Gemischwolke entsteht (Bild 16b). Diese wird durch den Sprayimpuls zur Zündkerze getragen. Der Einspritzzeitpunkt ist von der Drehzahl und vom geforderten Drehmoment abhängig. Bei höheren Lasten im Schichtbetrieb wird auch eine Mehrfachein-

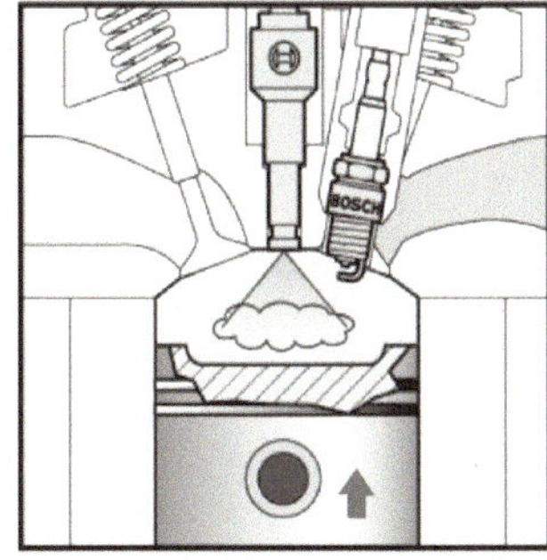
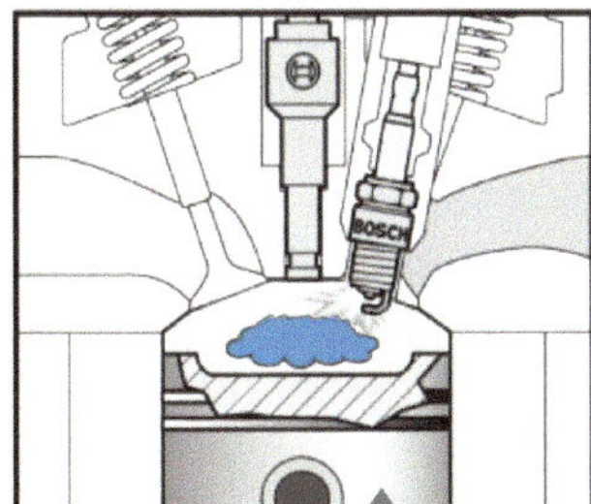

spritzung zur Homogenisierung der Gemischwolke eingesetzt. Die dadurch in die Gemischwolke zusätzlich eingetragene Luft ermöglicht auch eine Anpassung der Luftzahl im Gemisch auf stöchiometrische Verhältnisse.

Für eine robuste Entflammung ist das exakte Zusammenspiel zwischen Einspritzende und Zündung wichtig. Während der Einspritzung des Gemischs ist die Strömungsgeschwindigkeit der an der Zündkerze vorbeifliegenden Gemischwolke, aber auch die Kühlung des verdunstenden Kraftstoffes zu hoch für eine Entflammung (Bild 17a). Erst zum Abschluss der Einspritzung bestehen für eine sehr kurze Zeit ideale Bedingungen. In der danach folgenden Schleppe aus Brennraumluft magert das Gemisch rasch ab. In diese Schicht am Ende der Einspritzung wird der Zündfunke eingesaugt und bildet einen Flammkern aus. Dieser folgt der sich ausbreitenden Gemischwolke und brennt sie rasch ab. Damit ist der Zeitpunkt des Verbrennungsbeginns, und somit auch die Schwerpunktlage der Verbrennung, fest an das Spritzende gebunden. Der ausgebildete Zündfunke

steht dagegen wesentlich länger zur Verfügung. Dieser Mechanismus der Entflammung unterscheidet sich deutlich von dem der homogenen Verbrennung, und muss auch im Motormanagement bei der Regelung der Einspritzparameter berücksichtigt werden.

Entscheidend für eine sichere Zündung und Entflammung sind unter anderem:
- die Qualität der Gemischaufbereitung,
- eine genaue Mengendosierung auch bei kleinen Einspritzmengen (Mehrfacheinspritzung),
- eine möglichst große Zündfunkenbrenndauer,
- die richtige Zuordnung von Funkenort und Kraftstoffspray,
- eine relativ genaue Einhaltung des Abstandes vom Spray zum Zündort,
- Unveränderlichkeit des Sprays gegenüber dem Brennraumdruck,
- konstante Sprayform über die gesamte Lebensdauer des Motors.

Bild 17
a Einspritzung
b Einspritzende
c vergrößerter Ausschnitt aus b

Zündung

Der Ottomotor ist ein Verbrennungsmotor mit Fremdzündung. Die Zündung hat die Aufgabe, das verdichtete Luft-Kraftstoff-Gemisch im richtigen Zeitpunkt zu entflammen. Eine sichere Zündung ist Voraussetzung für den einwandfreien Betrieb des Motors. Dazu muss das Zündsystem auf die Anforderungen des Motors ausgelegt sein. Unter den zahlreichen unterschiedlichen Lösungsansätzen für ein Zündsystem haben sich bisher weltweit nur zwei Zündsysteme in größerem Umfang verbreitet. Das sind einerseits die Magnetzündung und andererseits die Batteriezündung. Beiden gemeinsam ist die Erzeugung eines elektrischen Funkens zwischen den Elektroden einer Zündkerze im Brennraum zur Entflammung des Luft-Kraftstoff-Gemisches.

Magnetzündung

In den Anfangszeiten des Automobils stand mit dem Niederspannungsmagnetzünder von Bosch eine erste für damalige Verhältnisse zuverlässige Zündanlage zur Verfügung. Der Funke (Abreißfunke) entstand, indem ein Stromfluss durch Abreißkontakte im Brennraum unterbrochen wurde. Aus der Niederspannungsmagnetzündung mit Abreißgestänge wurde schließlich die Hochspannungsmagnetzündung entwickelt, die auch für Motoren mit höheren Drehzahlen geeignet war. Gleichzeitig mit der Hochspannungsmagnetzündung wurde 1902 auch die Zündkerze eingeführt, die die mechanisch gesteuerten Abreißkontakte ersetzte.

Das Prinzip des Hochspannungsmagnetzünders wird bis heute verwendet. Bei den Magnetzündern neuerer Bauart unterscheidet man Ausführungen mit feststehendem Magnet und umlaufendem Anker und Ausführungen mit feststehendem Anker und umlaufendem Magnet. In beiden Fällen wird Bewegungsenergie durch magnetische Induktion in elektrische Energie in einer Primärwicklung umgesetzt, die durch eine Sekundärwicklung in eine hohe Spannung transformiert wird. Im Zündzeitpunkt wird der Zündfunke durch Unterbrechung des Stroms in der Primärwicklung ausgelöst. Für den Einsatz bei Motoren mit mehreren Zylindern kann ein mechanischer Zündverteiler mit umlaufendem Verteilerfinger in den Magnetzünder integriert werden.

Da ein Magnetzünder keine Spannungsversorgung benötigt, wird er überall dort eingesetzt, wo überhaupt kein Bordnetz vorhanden ist oder kein belastbares Bordnetz zur Verfügung steht. Bei Arbeitsgeräten wie z. B. Rasenmäher oder Kettensäge und bei Zweirädern werden Magnetzünder oft in Verbindung mit einer kapazitiven Zwischenspeicherung der Zündenergie eingesetzt.

Batteriezündung

Mit der Elektrifizierung des Kraftfahrzeugs (für Licht und Starter) stand schon früh eine Spannungsversorgung zur Verfügung. Dies führte zur Entwicklung der kostengünstigen Spulenzündung (SZ) mit einer Batterie als Spannungsquelle und einer Zündspule als Energiespeicher. Der Spulenstrom wurde über einen Unterbrecherkontakt mit festem Schließwinkel geschaltet, weshalb der Spulenstrom mit steigender Drehzahl stetig sank. Die Zündwinkel wurden über der Drehzahl mit einem Fliehkraftsteller und über der Last mit einer Unterdruckdose verstellt. Die Verteilung der Hochspannung von der Zündspule zu den einzelnen Zylindern erfolgte mechanisch durch einen Zündverteiler.

Transistorzündung

Im Laufe der Weiterentwicklung wurde zunächst der Spulenstrom durch einen Leistungstransistor geschaltet. Damit wurden Zündauslegungen mit höheren Strömen und höheren Energien möglich. Der Unterbrecherkontakt diente dabei als Steuerelement für ein Zündschaltgerät und wurde nur noch mit dem niedrigen Steuerstrom belastet. Dadurch wurden der Kontaktabbrand und die damit einhergehenden Zündzeitpunktverschiebungen reduziert. In weiteren Entwicklungsschritten wurde der Unterbrecherkontakt durch Hall- oder Induktionsgeber ersetzt. Das Zündschaltgerät der Transistorzündung (TZ) enthielt bereits einfache analog gesteuerte Funktionalitäten wie eine Primärstrombegrenzung und eine Schließwinkelregelung, wodurch der Nennwert des Primärstroms in einem weiten Drehzahlbereich eingehalten werden konnte.

Elektronische Zündung

Den nächsten Entwicklungsschritt bildete die elektronische Zündung (EZ), bei der die Zündwinkel über Drehzahl und Last in einem Kennfeld eines Zündsteuergeräts gespeichert waren. Neben der besseren Reproduzierbarkeit der Zündwinkel war es auch möglich, weitere Eingangsgrößen wie z. B. die Motortemperatur für die Zündwinkelbestimmung zu berücksichtigen. Nach und nach wurde die Zündauslösung mit Hallgebern im Zündverteiler durch Auslösesysteme an der Kurbelwelle abgelöst, was durch den Entfall des Antriebsspiels der Zündverteiler zu einer höheren Zündwinkelgenauigkeit führte.

Vollelektronische Zündung

Im letzten Entwicklungsschritt der eigenständigen Zündsteuergeräte ist mit der vollelektronischen Zündung (VZ) auch noch der mechanische Zündverteiler entfallen. Bei der verteilerlosen Zündung sind Systeme mit einer Zündspule pro Zylinder am häufigsten verbreitet. Unter bestimmten Randbedingungen können auch Systeme mit jeweils einer Zweifunkenzündspule für ein Zylinderpaar eingesetzt werden. Seit 1998 werden nur noch Motorsteuerungen eingesetzt, die eine vollelektronische Zündung beinhalten.

Tabelle 1 zeigt die Entwicklung der induktiven Zündsysteme. Dabei werden mechanische Funktionen sukzessive durch elektrische und elektronische Funktionen ersetzt.

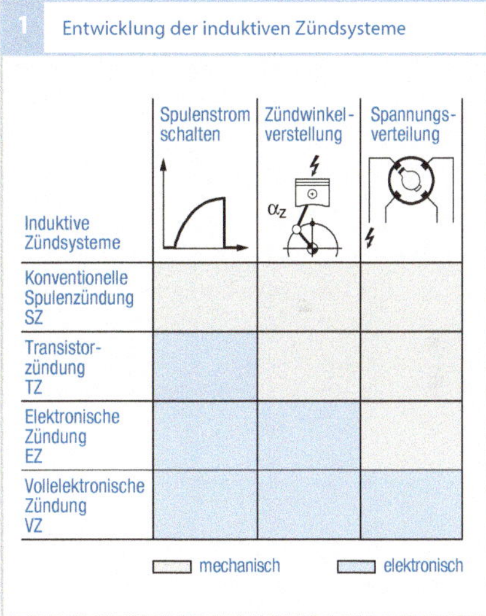

Tab. 1

Induktive Zündanlage

Die Zündung des Luft-Kraftstoff-Gemischs im Ottomotor erfolgt bei der Spulenzündung durch einen Funken zwischen den Elektroden einer Zündkerze. Die in dem Funken umgesetzte Energie der Zündspule entzündet ein kleines Volumen des verdichteten Luft-Kraftstoff-Gemischs. Die von diesem Flammkern ausgehende Flammenfront bewirkt die Entflammung des Luft-Kraftstoff-Gemisches im gesamten Brennraum. Die induktive Zündanlage erzeugt für jeden Arbeitstakt die für den Funkenüberschlag notwendige Hochspannung und die für die Entflammung notwendige Brenndauer des Funkens.

Aufbau

Eine typische verteilerlose Spulenzündung hat für jeden Zylinder einen eigenen Zündkreis (Bild 1). Die wichtigsten Komponenten sind:
- Zündspule
  Die Zündspule ist die zentrale Komponente der induktiven Zündung. Sie besteht aus einer Primärwicklung mit einer niedrigen Windungszahl und einer Sekundärwicklung mit einer hohen Windungszahl. Das Verhältnis der Windungszahlen von Sekundärwicklung und Primärwicklung bezeichnet man als Übersetzungsverhältnis. Beide Wicklungen sind über einen gemeinsamen Magnetkreis miteinander gekoppelt. Die Zündspule erzeugt die Zündhochspannung und liefert die Energie für die Brenndauer des Funkens an der Zündkerze.
- Zündungsendstufe
  Die Zündungsendstufe steuert die Zündspule und hat die Hauptfunktion eines elektrischen Leistungsschalters. Zusammen mit der Primärwicklung der Zündspule und der Batterie bildet sie den Primärkreis der Spulenzündung. Die Zündungsendstufe ist entweder im Motorsteuergerät oder in der Zündspule integriert.
- Zündkerze
  Die Zündkerze ist die physikalische Schnittstelle zwischen Brennraum und Umgebung. Zusammen mit der Sekundärwicklung der Zündspule bildet sie den Sekundärkreis der Zündanlage. Die Zündkerze setzt die Energie der Zündspule in einer Funkenentladung im Brennraum um.

Die notwendigen Verbindungs- und Entstörmittel werden an dieser Stelle als gegeben vorausgesetzt und nicht gesondert betrachtet.

Aufgabe und Arbeitsweise

Aufgabe der Zündung ist die Einleitung der Verbrennung des verdichteten Luft-Kraftstoff-Gemischs im Brennraum mit einem Funken. Zur Erzeugung eines Funkens wird zunächst elektrische Energie aus dem Bordnetz in der Zündspule zwischengespeichert. In einem nächsten Schritt wird die Energie im Zündzeitpunkt auf die Sekundärkapazität

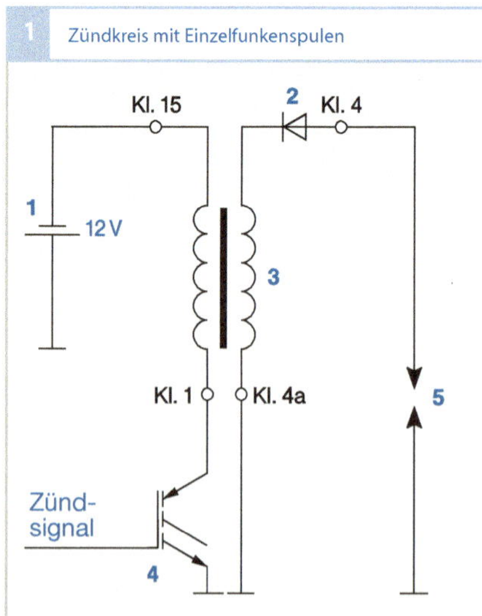

Bild 1
1 Batterie
2 Diode zur Unterdrückung der Einschaltspannung
3 Zündspule mit Eisenkern, Primär- und Sekundärwicklung
4 Zündungsendstufe (alternativ im Steuergerät oder in der Zündspule integriert
5 Zündkerze
Kl. 1, Kl. 4, Kl. 4a, Kl. 15 Klemmenbezeichnungen

C_2 (**Bild 2**) umgeladen. Die dabei entstehende Hochspannung löst den Funkenüberschlag an der Zündkerze aus. Anschließend wird die noch verbleibende Energie während der Brenndauer des Funkens entladen.

Energiespeicherung

Sobald die Zündungsendstufe einschaltet, wird der Primärkreis geschlossen und der Primärstrom beginnt zu fließen. Dabei wird in der Primärwicklung ein Magnetfeld aufgebaut, in dem Energie gespeichert wird. Die Höhe der gespeicherten Energie wird von der Primärinduktivität L_1 und der Höhe des Primärstroms i_1 entsprechend

$$E_1 = \frac{1}{2} L_1 i_1^{\,2}$$

bestimmt. Die Primärinduktivität hängt von der Windungszahl der Primärwicklung ab. Durch einen Eisenkreis zur Führung des magnetischen Flusses wird die wirksame Induktivität erhöht. Der Eisenkreis wird für einen bestimmten Primärstrom, den Nennstrom dimensioniert. Bei höheren Strömen steigt die gespeicherte Energie durch die magnetische Sättigung des Eisenkreises nur noch geringfügig. Daher sollte der Nennwert des Primärstroms möglichst nicht überschritten werden. Die Dauer, während der die Endstufe eingeschaltet ist und der Primärstrom fließt, nennt man Schließzeit.

Schließzeit und Primärstrom

Neben der Auslegung der Zündspule hat die Versorgungsspannung einen großen Einfluss auf den Primärstromverlauf (**Bild 3**). Um auch bei wechselnder Versorgungsspannung einerseits ausreichend Zündenergie bereitzustellen und andererseits die Zündungskomponenten nicht zu überlasten, muss die Batteriespannung bei der Bestimmung der Schließzeit berücksichtigt werden. Bei einem Batteriespannungsbereich von 6–16 V sind alle vorkommenden Fälle vom Kaltstart mit

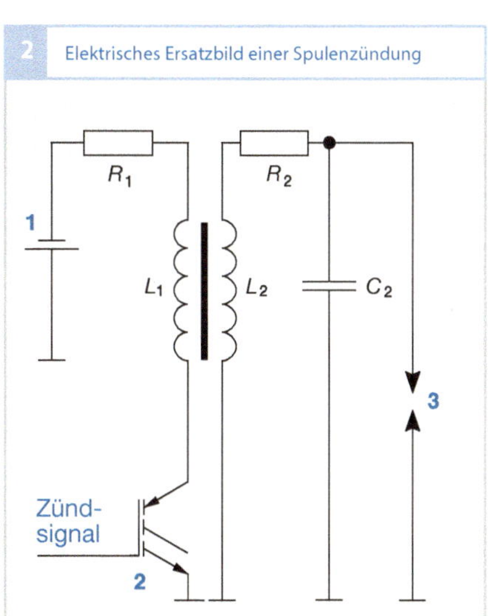

Bild 2
1 Batterie
2 Zündungsendstufe
3 Zündkerze
R_1 Widerstand der Primärseite (Spule und Kabel)
L_1 Primärinduktivität der Zündspule
R_2 Widerstand der Sekundärseite (Spule und Kabel)
L_2 Sekundärinduktivität der Zündspule
C_2 Kapazität der Sekundärseite (Zündspule, Kabel, Zündkerze)

geschwächter Batterie bis hin zur Starthilfe mit externer Versorgung abgedeckt. Ziel der Schließzeitbestimmung ist die Einhaltung des Nennstroms. Dies ist bei niedrigen Batteriespannungen dann nicht sichergestellt, wenn der maximal mögliche Strom durch den Gesamtwiderstand des Primärkreises unterhalb des Nennstroms begrenzt wird. In diesem Fall nimmt man für die Schließzeit einen sinnvollen Ersatzwert, z. B. die Ladezeit, bei der 90 % bis 95 % des Stromendwerts erreicht werden. Die Zündanlage muss so ausgelegt sein, dass die Funktion auch bei reduzierter Batteriespannung gewährleistet ist und ein Kaltstart erfolgen kann.

Da die Widerstände der Zuleitungen in der gleichen Größenordnung liegen wie der Widerstand der Primärwicklung, sollte bei den Zuleitungen auf ausreichende Querschnitte geachtet werden, um unnötige Leistungsverluste zu vermeiden. Ebenso ist darauf zu achten, dass die Zuleitungen zu den einzelnen Zylindern nur geringe Unterschiede bezüglich Länge und Widerstand aufweisen.

Bei Einsatztemperaturen der Zündspulen zwischen –30 °C und über 100 °C verändern

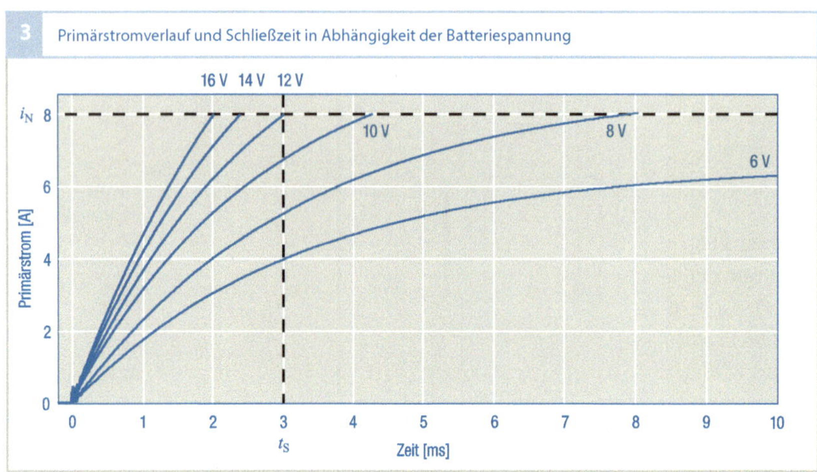

Bild 3
i_N Nennstrom
t_S Schließzeit

Magnetkreis miteinander gekoppelt sind, wird in beiden Wicklungen eine Spannung induziert. Die Höhe der Spannungen hängt nach dem Induktionsgesetz von der Windungszahl und der Änderungsgeschwindigkeit des magnetischen Flusses ab. In der Sekundärwicklung mit der hohen Windungszahl entsteht so die hohe Sekundärspannung. Solange kein Funkenüberschlag erfolgt, steigt die Hochspannung mit einer Anstiegsrate von ca. 1 kV/μs bis auf die Leerlaufspannung der Zündspule an, um dann stark gedämpft auszuschwingen (Bild 4).

Die maximale Sekundärspannung wird im Labor ohne Zündkerze an einer definierten kapazitiven Last gemessen und als Hochspannungs- oder Sekundärspannungsangebot bezeichnet. Die Lastkapazität entspricht dabei der Belastung durch die Zündkerze und der Hochspannungsverbindung zur Zündkerze.

Zündspannung

Die Hochspannung, bei der der Funke an den Elektroden der Zündkerze durchbricht, wird als Zündspannung bezeichnet. Die Zündspannung hängt einerseits von der Zündkerze insbesondere vom Elektrodenabstand ab, andererseits von den Bedingungen im Brennraum, insbesondere von der Luft-Kraftstoff-Gemischdichte zum Zündzeitpunkt. Die maximale Zündspannung über alle Betriebspunkte bezeichnet man als Zündspannungsbedarf des Motors. Abhängig vom Elektrodenabstand, dem Verschleißzustand der Zündkerzenelektroden sowie vom Brennverfahren können Zündspannungen bis deutlich über 30 kV auftreten.

sich die Spulenwiderstände durch den Temperaturgang der Kupferwicklungen so stark, dass die Auswirkungen auf den Primärstrom berücksichtigt werden sollten. Da die Spulentemperatur nicht direkt verfügbar ist, kann mit Ersatzgrößen wie Kühlmittel- oder Öltemperatur zumindest bei betriebswarmem Motor und betriebswarmer Zündspule eine sinnvolle Korrektur der Schließzeit erreicht werden.

Durch den Betrieb erwärmen sich Zündspule und Zündungsendstufe, die Verlustleistung steigt mit der Drehzahl. Bei hohen Drehzahlen und besonders bei gleichzeitig hohen Umgebungstemperaturen kann es notwendig werden, die Primärströme zum Schutz der Zündungskomponenten durch eine kürzere Schließzeit zu begrenzen.

Erzeugung der Hochspannung

Das durch den Primärstrom erzeugte Magnetfeld in der Primärwicklung verursacht einen magnetischen Fluss, der bis auf einen kleinen Anteil, den Streufluss, im Magnetkreis der Zündspule geführt wird. Im Zündzeitpunkt wird der Strom durch die Primärwicklung unterbrochen, was eine rasche Flussänderung zur Folge hat. Da Primär- und Sekundärwicklung über den gemeinsamen

Einschaltspannung

Bereits beim Einschalten des Primärstroms wird in der Sekundärwicklung eine unerwünschte Spannung von 1–2 kV induziert, deren Polarität der Zündspannung entgegengerichtet ist. Der Einschaltzeitpunkt liegt abhängig von der Motordrehzahl und der Ladezeit der Zündspule deutlich vor dem Zündzeitpunkt. Ein Funkenüberschlag an der Zündkerze muss vermieden werden. Dies kann z. B. mit einer Diode im Sekundärkreis der Zündanlage erreicht werden. Eine solche Diode heißt Diode zur Einschaltfunkenunterdrückung oder EFU-Diode.

Funkenentladung

Sobald die Zündspannung U_z an der Zündkerze überschritten wird, entsteht der Zündfunke (Bild 5). Die nachfolgende Funkenentladung kann in drei Phasen eingeteilt werden, den Durchbruch, die Bogenphase und die Glimmphase [2]. Die ersten beiden Phasen sind Entladungen sehr kurzer Dauer mit hohen Strömen, die aus den Entladungen der Kapazitäten C_2 (Bild 2) von Zündkerze und Zündkreis resultieren und einen Teil der Spulenenergie umsetzen. In der anschließenden Glimmphase wird die noch verbleibende Energie während der Funkendauer t_F umgesetzt (Bild 5). Der Funkenstrom beginnt dabei mit dem Anfangsfunkenstrom i_F und fällt dann stetig. An den Elektroden der Zündkerze liegt während der Glimmphase die Brennspannung U_F an. Sie liegt im Bereich von wenigen hundert Volt bis deutlich über 1 kV. Die Brennspannung hängt von der Länge des Funkenplasmas ab und wird wesentlich vom Elektrodenabstand der Zündkerze und der Auslenkung des Funkens durch Luft-Kraftstoff-Gemischbewegung bestimmt. Unterhalb eines bestimmten Funkenstroms erlischt der Funke und die Spannung an der Zündkerze schwingt gedämpft aus.

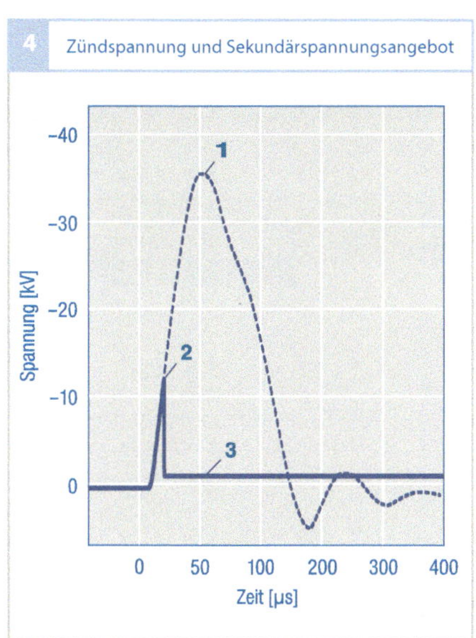

Bild 4
1 Sekundärspannungsangebot (bei einem Aussetzer)
2 Zündspannung (für einen Funken)
3 Brennspannung

Funkenenergie

Als Funkenenergie wird üblicherweise die Energie der Glimmentladung bezeichnet. Sie ist das Integral aus dem Produkt von Brennspannung und Funkenstrom über der Funkendauer. Vereinfacht kann der Zusammenhang nach Bild 5 durch

$$E_F = \frac{1}{2} U_F\, i_F\, t_F$$

beschrieben werden. Bei genauerer Betrachtung gilt die zuvor beschriebene Bestimmung der Funkenenergie aber nur für sehr niedrige Zündspannungen [1].

Energiebilanz

Bei höheren Zündspannungen können die zuvor beschriebenen kapazitiven Entladungen (Durchbruch- und Bogenphase) nicht mehr vernachlässigt werden. Die notwendige Energie zum Aufladen der Kapazitäten auf der Sekundärseite steigt quadratisch mit der Zündspannung entsprechend (siehe auch Bild 2)

$$E_Z = \tfrac{1}{2} C_2\, U_Z^{\,2}.$$

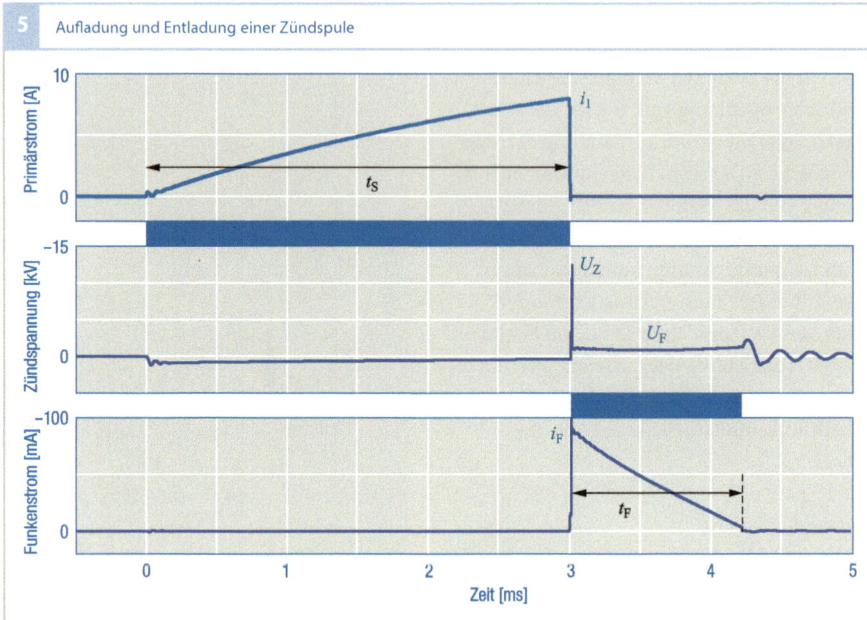

Bild 5
i_1 Abschaltstrom
t_S Schließzeit
U_Z Zündspannung
U_F Brennspannung
i_F Funkenanfangs-
       strom
t_F Funkendauer

Im Funkenüberschlag wird diese Energie als kapazitive Entladung im sogenannten Funkenkopf freigesetzt. Zusammen mit der Energie der induktiven Nachentladung erhält man die gesamte auf der Hochspannungsseite umgesetzten Energie. Stellt man die beiden Energieanteile über der Zündspannung dar, sieht man, dass der Energieanteil der kapazitiven Entladung mit steigender Zündspannung steigt und der Energieanteil der induktiven Nachentladung fällt. Die induktive Nachentladung erfolgt während der Funkendauer t_F durch den Funkenstrom im Sekundärkreis, der mit einem Anfangsfunkenstrom i_F beginnt und dann stetig sinkt. Mit geringer werdendem Energieanteil der induktiven Nachentladung sinken sowohl der Anfangsfunkenstrom als auch die Funkendauer. Wenn man von der induktiven Nachentladung die ohmschen Verluste abzieht, erhält man die Energie der Glimmentladung (Bild 6).

Energieverluste

Nach dem Funkenüberschlag wird ein Teil der verbleibenden Energie der induktiven Nachentladung in den Widerständen des Sekundärkreises der Zündanlage in Wärme umgesetzt. Die größten Verluste treten bei niedrigen Zündspannungen und damit hohen Anfangsfunkenströmen und langen Funkendauern auf (Bild 6).

Bereits vor dem Funkenüberschlag können Nebenschlusswiderstände den Aufbau der Hochspannung behindern. Nebenschlüsse können durch Verschmutzung und Feuchte der Hochspannungsverbindungen, vor allem aber durch leitfähige Ablagerungen und Ruß an der Isolatorspitze der Zündkerze im Brennraum verursacht werden. Die Höhe der Nebenschlussverluste steigt mit dem Zündspannungsbedarf. Je höher die an der Zündkerze anliegende Spannung, desto größer sind die über die Nebenschlusswiderstände abfließenden Ströme.

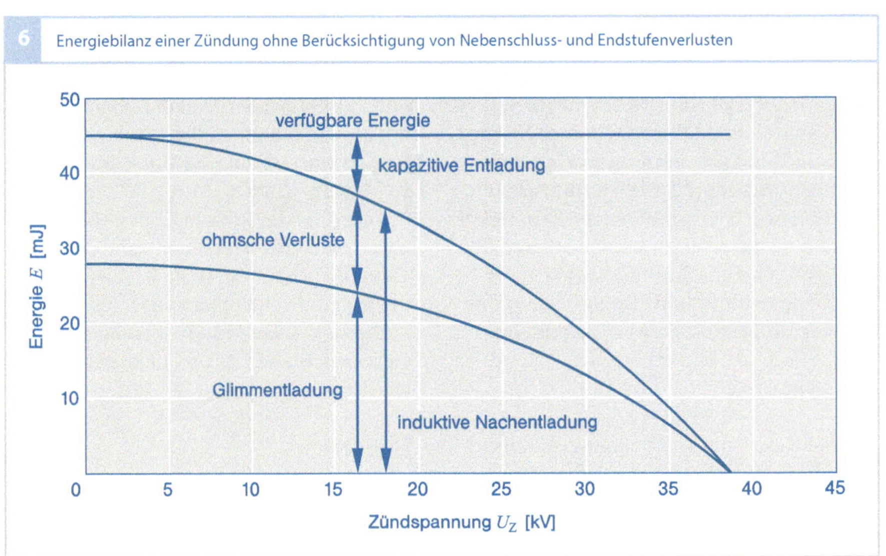

6 Energiebilanz einer Zündung ohne Berücksichtigung von Nebenschluss- und Endstufenverlusten

Luft-Kraftstoff-Gemischentflammung und Zündenergiebedarf

Zum Zündzeitpunkt entsteht der Funke an der Zündkerze. Der Zündzeitpunkt wird von der Motorsteuerung in Abhängigkeit von dem Brennverfahren, der Betriebsart und dem Betriebspunkt angefordert und an dieser Stelle nicht weiter vertieft.

Der elektrische Funke entflammt das Luft-Kraftstoff-Gemisch zwischen den Elektroden der Zündkerze durch ein Hochtemperaturplasma. Der entstehende Flammkern entwickelt sich bei zündfähigen Luft-Kraftstoff-Gemischen an der Zündkerze, und bei ausreichender Energiezufuhr durch die Zündanlage zu einer sich selbstständig ausbreitenden Flammenfront. Größere Funkenlängen begünstigen die Flammkernbildung. Durch einen größeren Elektrodenabstand oder eine Auslenkung des Funkens durch Luft-Kraftstoff-Gemischbewegung erhöht sich aber auch der Zündenergiebedarf. Bei zu starker Auslenkung kann ein Funkenabriss erfolgen und ein Nachzünden notwendig sein. In solchen Fällen bietet eine induktive Zündanlage den Systemvorteil, dass ein Nachzünden ohne zusätzlichen Steuerungseingriff automatisch erfolgt, solange ausreichend Energie im Zündsystem gespeichert ist.

Die gesamte Energie muss den maximalen Zündspannungsbedarf decken, die notwendige Funkendauer bei hoher Zündspannung bereitstellen und gegebenenfalls eine Anzahl an Folgefunken zünden. Einfache Motoren mit Saugrohreinspritzung benötigen Zündenergien zwischen 30 und 50 mJ, aufgeladene Motoren bis deutlich über 100 mJ.

Literatur

[1] Deutsches Institut für Normung e. V., Berlin 1997. DIN/ISO 6518-2, Zündanlagen, Teil 2: Prüfung der elektrischen Leistungsfähigkeit.
[2] Maly, R., Herden, W., Saggau, B., Wagner, E., Vogel, M., Bauer, G., Bloss, W. H.: Die drei Phasen einer elektrischen Zündung und ihre Auswirkungen auf die Entflammungseinleitung. 5. Statusseminar „Kraftfahrzeug- und Straßenverkehrstechnik" des BMFT, 27.–29. Sept. 1977, Bad Alexandersbad.

Startanlagen

Verbrennungsmotoren müssen von einem Starter mit einer Mindestdrehzahl angetrieben werden, bevor sie im Selbstlauf ausreichend Energie liefern können, um aus den Verbrennungszyklen den Momentenbedarf für die Kompressions- und Gaswechselzyklen zu decken. Dabei sind die Lagerstellen im Motor zunächst ungenügend geschmiert, sodass hohe Reibungswiderstände beim Drehen des Motors überwunden werden müssen.

Übersicht

Zum Starten von Verbrennungsmotoren werden Elektromotoren (Gleich-, Wechsel- und Drehstrommotoren), aber auch Hydraulik- und Pneumatikmotoren verwendet. Der elektrische Gleichstrom-Reihenschlussmotor ist besonders als Startermotor geeignet, da er das erforderliche hohe Anfangsdrehmoment zur Überwindung der Andrehwiderstände und zur Beschleunigung der Triebwerksmassen entwickelt.

Die für den Startvorgang benötigte Energie wird in der Regel aus der Batterie bezogen, die auch die anderen elektrischen Komponenten im Bordnetz des Fahrzeugs versorgt.

Das Drehmoment des Starters wird meist über ein Ritzel und einen Zahnkranz auf den Motor übertragen, zum Teil aber auch über Keilriemen, Zahnriemen, Ketten oder direkt auf die Kurbelwelle.

Zum Starten des Motors greift das Ritzel des Starters (Bild 1, Pos. 7) in den Zahnkranz des Motors (12) ein. Der Zahnkranz mit typischerweise ca. 130 Zähnen (bei Pkw 103...144, bei Nkw 110...160) befindet sich bei Fahrzeugen mit Handschaltgetriebe am Schwungrad des Motors, bei Fahrzeugen mit Automatikgetriebe am Wandlergehäuse. Das Ritzel des Starters mit typischerweise 10 Zähnen (bei Pkw 8...10, bei Nkw 9...13) steht wenige Millimeter vor dem Zahnkranz in Ruhelage. Dreht der Fahrer den Zündschlüssel in

Startposition, so wird zunächst eine mechanische Verbindung zwischen Starter und Zahnkranz hergestellt (Einspuren), um das Drehmoment des dann anlaufenden Starters auf den Motor übertragen zu können.

Aufgrund der großen Übersetzung zwischen Starterritzel und Zahnkranz kann der Starter auf hohe Drehzahlen bei niedrigem Drehmoment ausgelegt werden. Dadurch können die Abmessungen und das Gewicht des Starters klein gehalten werden.

Starter

Arbeitsphasen des Schub-Schraubtrieb-Starters

Der Schub-Schraubtrieb-Starter hat sich als weltweiter Standard für Pkw durchgesetzt. Der Einspurweg besteht aus dem Schub- und dem Schraubweg.

Einspuren

Das Zündschloss schließt in Startposition den Zündstartschalter (Bild 1a, Pos. 1), der das Einrückrelais (2) ansteuert. Das in der Relaisspule aufgebaute Magnetfeld zieht den Relaisanker an, der dabei das Ritzel (7) über den Einrückhebel (5) nach vorn gegen den Zahnkranz (12) schiebt (Schubweg). Über ein Steilgewinde (10) auf der Welle wird das Ritzel beim Vorspuren leicht entgegen der Antriebsrichtung des Starters gedreht und so der Einspurvorgang erleichtert.

Im Idealfall trifft ein Zahn des Ritzels unmittelbar in eine Zahnlücke des Zahnkranzes, wodurch die Kopplung zwischen Starter und Verbrennungsmotor hergestellt ist (Bild 1b). Während der Bewegung des Ritzels in den Zahnkranz schließt der Anker des Einrückrelais über die Kontaktbrücke den Hauptstromkreis des Startermotors. Dieser beginnt sich zu drehen und treibt über die Antriebswelle und das Ritzel den Zahnkranz des Motors an, der somit ebenfalls zu drehen beginnt (Bild 1d).

1　Arbeitsphasen des Schub-Schraubtrieb-Starters

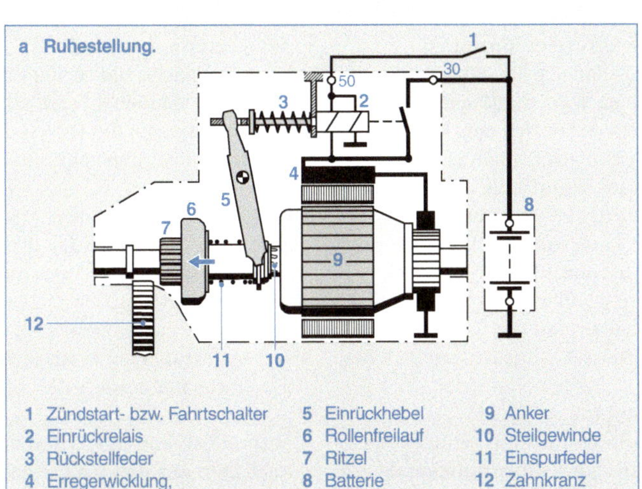

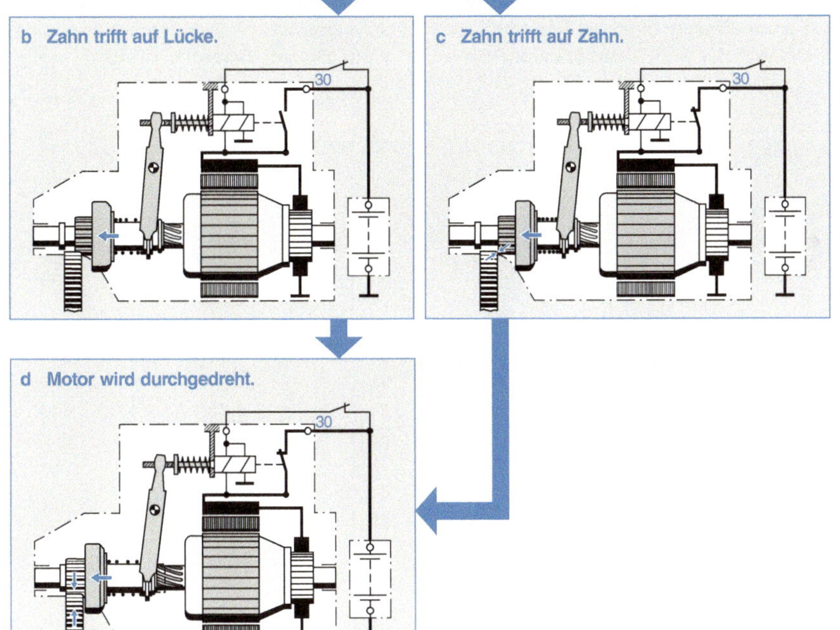

Dieses ideale Einspuren des Ritzels in den Zahnkranz ist allerdings nicht der Regelfall, denn das Zahnflankenspiel von typischerweise 0,4 mm lässt nur wenig Raum für ein kollisionsfreies Einspuren.

In vielen Fällen (ca. 50…80 % der Startvorgänge, je nach geometrischen Randbedingungen) ergibt sich eine Kollisionssituation, in der sich die Zähne von Ritzel und Zahnkranz gegenseitig blockieren (Bild 1c). Das Ritzel kann ohne Drehung nicht weiter nach vorn geschoben werden. Der Anker des Einrückrelais wird aber auch in diesem Fall weiter eingezogen und bewirkt nun über den Einrückhebel das Komprimieren der Einspurfeder (11). Das Ritzel wird so mit zunehmender Kraft gegen den Zahnkranz gedrückt.

Gegen Ende seines Wegs schließt das Einrückrelais den Hauptstromkontakt des Startermotors. Somit beginnt das Ritzel zu drehen, bis eine günstige Zahn-Lücke-Konstellation erreicht ist. Die vorgespannte Einspurfeder schiebt nun das Ritzel über das Steilgewinde nach vorn (Schraubweg), bis es vollständig in den Zahnkranz einspurt. Dabei wird das Ritzel durch die Schraubwirkung des Steilgewindes in Verbindung mit der Drehbewegung des Startermotors zusätzlich in den Zahnkranz gedrückt. Das Steilgewinde bewirkt, dass ein Drehmoment erst nach vollständigem Einspuren des Ritzels auf den Motor übertragen werden kann.

Bei Nutzfahrzeugen muss wegen der großen zu übertragenden Drehmomente eine Überlastung der Verzahnung vermieden werden. Geeignete Einspurprinzipien stellen eine ausreichende Überdeckung von Ritzel und Zahnkranz sicher, bevor der Startermotor mit voller Kraft anläuft.

Losbrechen und Durchdrehen

Nach dem Einspuren des Ritzels überträgt der Starter ein Drehmoment auf die Kurbelwelle des Motors.

Der Starter liefert beim Einschalten im Stillstand das höchste Drehmoment, das dann mit zunehmender Drehzahl stetig

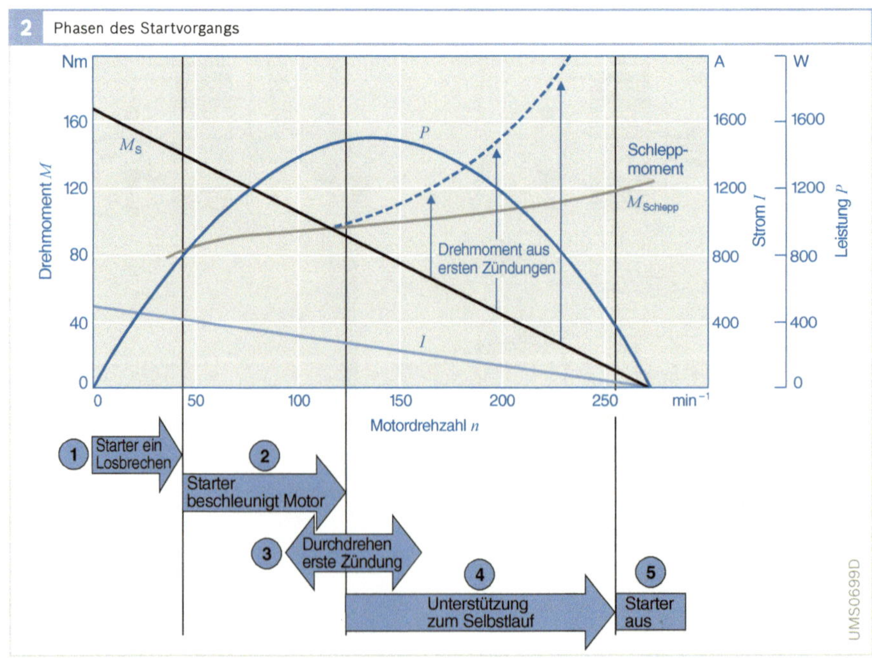

Bild 2
M_S Starterdrehmoment
$M_{Schlepp}$ Schleppmoment
P Leistung
I Strom
n Motordrehzahl

abnimmt. Der zu Beginn des Startvorgangs vorhandene Drehmomentüberschuss des Starters überwindet zunächst die Haftreibung in den Lagerstellen des Motors (Losbrechen) und beschleunigt die beweglichen Motormassen und Zusatzaggregate dann bis zur Durchdrehzahl. Diese ist durch den Schnittpunkt von Motor- und Starter-Drehmomentkurve charakterisiert (Bild 2), d. h. bei größeren Drehzahlen reicht das Starterdrehmoment nicht mehr aus, um den Motor weiterhin anzutreiben. Daher muss für einen erfolgreichen Start die Durchdrehzahl höher liegen als die Mindest-Startdrehzahl.

Starten und Überholen

Bei einem betriebswarmen Motor genügen normalerweise zwei Umdrehungen der Kurbelwelle bis zum Start. Bei Kälte kann ein etwas längeres Durchdrehen erforderlich sein (bis zu einer Minute ist keine Seltenheit). Zur Entlüftung eines Kraftstoffversorgungssystems kann ein Durchdrehen bis zum Start aber auch 20...30 s lang dauern.

Das Motormanagement erfasst über Sensoren die Stellung der Kurbelwelle schon bei den ersten beiden Umdrehungen (Initiierung des Einspritzsystems). Ihr Signal dient dazu, dass die Einspritzung gezielt auf den Zylinder mit der nächsten Verdichtung erfolgt. Dies führt zu einem schnellen und schadstoffarmen Start.

Mit der ersten Einspritzung bzw. Zündung beginnt der Verbrennungsmotor selbst Drehmoment zu erzeugen und damit die Drehzahl zu steigern, was jedoch nicht in allen Fällen zum Start genügt. Damit auch bei ungünstigen Bedingungen das beim Ottomotor zum Selbstlauf notwendige Luft-Kraftstoff-Gemisch gebildet wird bzw. beim Dieselmotor die Selbstzündungstemperatur erreicht wird, muss der Starter den Verbrennungsmotor beim Hochlaufen auf die Mindest-Selbstlaufdrehzahl ggf. weiter unterstützen. Bereits nach wenigen Zündungen beschleunigt er so stark, dass

der Startermotor nicht folgen kann und überholt wird. In dieser Phase muss der Freilauf eine Entkopplung des Ritzels von der Antriebswelle herbeiführen. Er schützt damit den Startermotor vor Überdrehzahl und verhindert übermäßigen Verschleiß.

Mit dem Loslassen des Zündschlüssels wird schließlich der Relaisstromkreis unterbrochen. Die Rückstellfeder drückt den Relaisanker zurück, wodurch zunächst der Hauptstromkontakt öffnet. Die Ausspurfeder sorgt für die weitere Rückbewegung des Ritzels, das dadurch wieder aus dem Zahnkranz ausrückt. Dabei wird das Ausspuren durch die Drehbewegung des Ritzels beim Zurückfahren über das Steilgewinde unterstützt. Der Startermotor läuft aus und die gesamte Mechanik kehrt in die Ruhelage zurück.

Abschaltfunktion

Die Kopplung von Relaisanker und Einrückhebel ist mit Spiel, auch Leerweg genannt, versehen. Kommt der Motor (z. B. wegen fehlenden Kraftstoffs) nicht zum Selbstlauf, so muss der Start abgebrochen werden. Ritzel und Zahnkranz stehen beim Abbruch unter voller Last und das Ritzel ist voll vorgespurt.

Beim Abschalten des Relaisstroms muss nun ein ausreichender Leerweg für den Relaisanker zur Verfügung stehen, der das Öffnen der Hauptstromkontakte ermöglicht. Wäre dies nicht der Fall, so würde der Einrückhebel den Relaisanker festhalten. Der Hauptstromkontakt bliebe geschlossen und ein Startabbruch wäre nicht möglich.

Bei Nkw-Startern stellt wegen der geometrischen Verhältnisse nicht der zuvor beschriebene Leerweg die Abschaltfunktion sicher, sondern eine Abschaltfeder (Bild 3). Die Kraft dieser Feder in Ritzelruhelage übertrifft die Rückstellfederkraft des Relaisankers und drückt den Relaisanker bis zum Anschlag am Hebel zurück. Bei eingezogenem Relaisanker muss wiederum die Ankerrückstellfederkraft groß genug sein, um die Abschaltfeder so weit zusammenzudrücken, dass die Kontaktbrücke von den Kontaktbolzen abhebt.

Einrückrelais

Relais dienen dazu, einen hohen Strom mit einem verhältnismäßig niedrigen Steuerstrom zu schalten. Der Starterstrom beträgt bei Pkw bis zu 1500 A, bei Nkw bis zu 2500 A. Da Kontakte für derart hohe Ströme stark belastet sind, ist die Verwendung eines Leistungsrelais zwingend. Das Relais wird durch einen relativ niedrigen Steuerstrom (Relaisstrom) von ca. 30 A für Pkw und bis ca. 80 A bei Nkw betätigt. Zum Einschalten genügt dann ein mechanischer Schalter (Zündschlossschalter, Startknopf) oder ein einfaches Kleinrelais, das vom Motorsteuergerät betätigt wird.

Das im Starter eingebaute Einrückrelais (Bild 4) ist eine Kombination von Einrückmagnet und Relais. Es erfüllt zwei Funktionen:
▶ Vorschieben des Ritzels zum Einspuren in den Zahnkranz des Motors,
▶ Schließen der Kontaktbrücke zum Einschalten des Starterhauptstroms.

Der mit dem Gehäuse fest verbundene Magnetkern (4) ragt von einer Seite her in das Innere der Magnetwicklung (2, 3) hinein, der bewegliche Relaisanker (1) von der anderen Seite her. Der Abstand zwischen Magnetkern und Relaisanker entspricht dem Gesamthub des Ankers. Magnetgehäuse, Magnetkern und Relaisanker bilden zusammen den magnetischen Kreis.

Unter dem Einfluss der beim Einschalten des Stroms entstehenden Magnetkraft wird der Magnetanker in die Wicklung hineingezogen. Diese Ankerbewegung bewirkt einerseits die axiale Verschiebung des Ritzels über den Einrückhebel, andererseits das Andrücken der Kontaktbrücke (8) an die Hauptstromkontakte (6).

Die Wicklung des Relais besteht bei den meisten Ausführungen aus einer Einzugs- und einer Haltewicklung (Bild 4, Pos. 2 und 3 sowie Bild 5, Pos. 4a und 4b). Diese Aufteilung ist in Bezug auf die thermische Belastbarkeit und die erzielbaren magnetischen Kräfte sehr günstig.

In der Ausgangsposition (Relais nicht bestromt) ist der Luftspalt zwischen Anker und Magnetkern relativ groß. Nur eine hohe magnetische Durchflutung kann die Einrückwiderstände überwinden.

Mit der Verkleinerung des Luftspalts beim Einzug des Magnetankers nimmt die Magnetkraft deutlich zu. Bei vollständig eingezogenem Anker bleibt quasi kein

Bild 3
1   Relais mit Abschalt-
     feder

Bild 4
1   Relaisanker
2   Einzugswicklung
3   Haltewicklung
4   Magnetkern
5   Kontaktfeder
6   Kontakte
7   elektrischer
     Anschluss
8   Kontaktbrücke
9   Schaltachse
     (geteilt)
10   Rückstellfeder

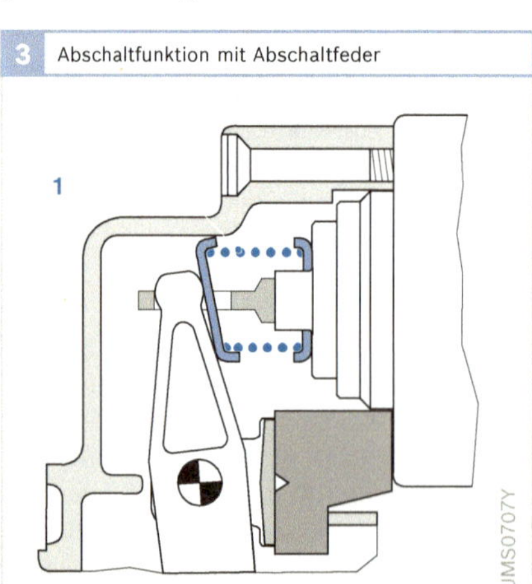

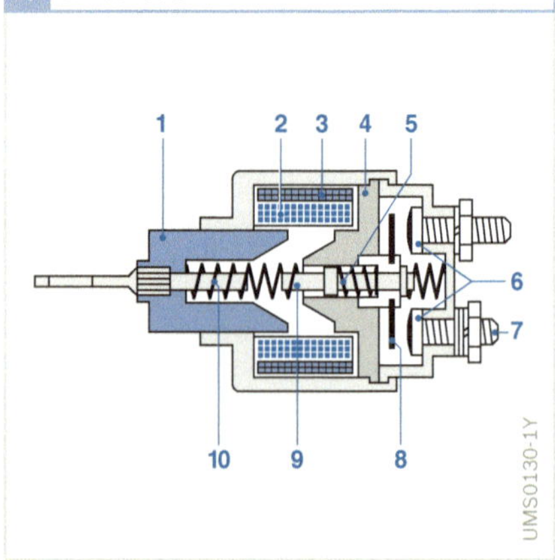

Restluftspalt und es genügt die Magnetkraft der Haltewicklung, um den Relaisanker bis zum Beenden des Startvorgangs festzuhalten. Die Einzugswicklung wird bei eingezogenem Anker über den Hauptstromkontakt und das Zündschloss kurzgeschlossen.

Dabei ist wichtig, dass Einzugs- und Haltewicklungen gleiche Windungszahlen aufweisen. Anderenfalls könnte es bei dem Abschaltvorgang zu einer Selbsthaltung des Relais kommen, indem eine Versorgung der beiden dann hintereinander geschalteten Wicklungen rückwärts über Klemme 45 erfolgen würde. Die gleichen Windungszahlen gewährleisten, dass die Magnetfelder der nun gegensinnig durchflossenen Spulen sich gegenseitig aufheben und das Relais sicher abschaltet.

Da der Starter beim Einschalten des Hauptstroms einen starken Spannungseinbruch im gesamten Bordnetz verursacht, muss die Haltewicklung so ausgelegt sein, dass der Anker auch bei einer Versorgungsspannung deutlich unterhalb der halben Batterie-Nennspannung noch sicher gehalten wird. Anderenfalls könnte es zu einem mehrfachen schnellen Öffnen und Schließen des Relais kommen, was eine Schädigung der Kontakte nach sich ziehen würde.

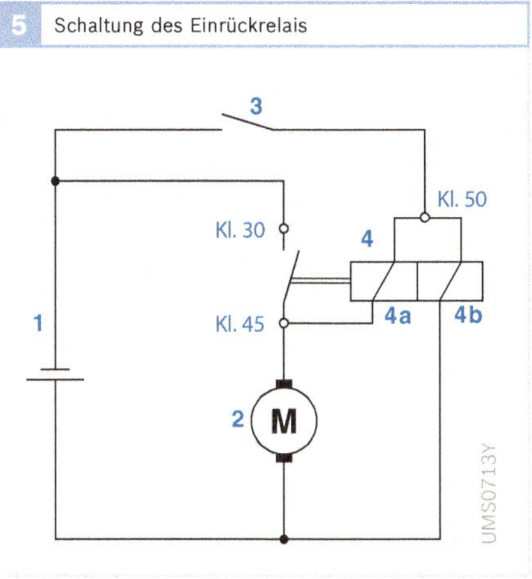

5 Schaltung des Einrückrelais

Rückstellfedern zwischen den einzelnen Bauelementen sorgen dafür, dass nach dem Ausschalten die Kontakte geöffnet werden und der Relaisanker wieder in seine Ausgangsposition zurückkehrt.

Am Relaisdeckel des Einrückrelais sind zweckmäßigerweise die elektrischen Anschlüsse des Starters (Kl. 50, Kl. 30 und Kl. 45) zu einer Baugruppe zusammengefasst. Der Relaisdeckel besteht üblicherweise aus einem Duroplastwerkstoff, der auch bei hohen thermischen Beanspruchungen (kurzzeitig bis zu 180 °C) die erforderliche mechanische Belastbarkeit sicherstellt und dadurch gewährleistet, dass das Einrückrelais mit all seinen Komponenten sicher zusammengehalten wird. Um auch bei hohen Temperaturen ein sicheres Einziehen und Schalten der Relais zu gewährleisten, gibt es besondere Wicklungsausführungen, die ebenfalls Temperaturen bis zu 180 °C standhalten.

Die Hauptstromkontakte sind bei Pkw-Startern üblicherweise aus Stahlbolzen mit einem eingenieteten Kupferkontakt gefertigt, der ein gutes Schaltverhalten und einen minimalen Kontaktwiderstand sichert. Relais für Nkw-Starter werden für eine besonders hohe Strombelastbarkeit einteilig aus einer hochfesten Kupferlegierung hergestellt. Um das Prellverhalten und damit den Kontaktverschleiß zu reduzieren, kommt bei Nkw-Startern vermehrt die konische Kontaktform zur Anwendung.

Die Ansteuerklemme 50 kann je nach Fahrzeugkabelbaum mit einem Schraubanschluss oder mit unterschiedlichen, z. T. abgedichteten Steckkontakten ausgeführt sein.

Beim Pkw-Einrückrelais verbindet normalerweise eine Rundsteckverbindung den Deckel mit der Relaiswicklung. Dies ermöglicht eine geschlossene Deckelkontur ohne Niet- oder Lötverbindungen und die damit erforderlichen Öffnungen. Außerdem ist hier der Deckel standardmäßig zum Relaisgehäuse hin abgedichtet.

Bild 5
1 Batterie
2 Starter
3 Zündschloss
4 Einrückrelais
4a Einzugswicklung
4b Haltewicklung

Für besondere Anforderungen an die Dichtheit kann der Relaisanker mit einer flexiblen Gummimembran (Gummibalg) versehen sein (Bild 6, Pos. 2), um das Eindringen von Feuchtigkeit aus dem Einspurtrieb des Starters zu verhindern. Diese Ausführung kommt hauptsächlich bei Anwendungen zum Einsatz, bei denen ein Wassereintritt in das Antriebslager nicht auszuschließen ist. Ein weiteres Einsatzgebiet sind außerdem Einbaulagen, bei denen das Einrückrelais nach unten weist und sich dadurch im Antriebslagerdom Feuchtigkeit ansammeln kann.

Bei einigen großen Nkw-Startern ist kein Einrückrelais eingebaut, sondern der Einrückmagnet für den Ritzelvorschub und das Steuerrelais für die elektrischen Schaltstufen sind voneinander getrennt.

Freilauf

Bei sämtlichen Starterausführungen überträgt ein Freilauf (Überholkupplung) das Drehmoment vom Startermotor auf das Ritzel. Der Freilauf hat die Aufgabe, das Ritzel bei antreibender Antriebswelle mitzunehmen und die Verbindung zwischen Ritzel und Antriebswelle bei schneller laufendem Ritzel zu lösen. Der Freilauf verhindert damit, dass der Anker des Startermotors beim Hochlauf des Motors auf eine unzulässig hohe Drehzahl beschleunigt wird.

Freiläufe für Starter sind kraftschlüssig (Rollen- und Lamellenfreilauf) oder formschlüssig (Stirnzahnfreilauf) ausgeführt.

Rollenfreilauf

Schub-Schraubtrieb-Starter verfügen üblicherweise über einen Rollenfreilauf (Bild 7). Der Mitnehmer mit Freilaufring (3) ist über ein Steilgewinde mit der Antriebs-
welle verbunden. Den Kraftschluss zwischen dem innen liegenden zylindrischen Schaft des Ritzels und dem außen umlaufenden Freilaufring des Mitnehmers stellen Zylinderrollen (5) her, die sich auf der Rollengleitkurve (4) bewegen können.

Im Ruhezustand drücken die Federn (7) die Rollen in den sich verengenden Teil zwischen der Gleitkurve des Freilaufrings und dem Ritzelschaft (6). Der sich an den Rollen bildende Klemmwinkel ist so klein gewählt, dass das Ritzel bei anlaufendem Startermotor sofort mitgedreht wird.

Tritt der Überholvorgang ein, so werden die Rollen durch die Reibung am Ritzelschaft gegen die Federkraft in den sich erweiternden Teil der Gleitkurve bewegt, wobei sich die Rollen aufgrund der Federkraft stets spielfrei an Ritzelschaft und Gleitkurve anlegen. Das entstehende

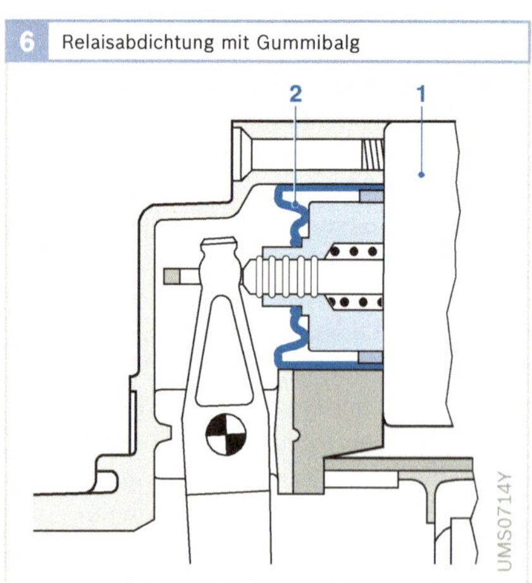

6 Relaisabdichtung mit Gummibalg

7 Rollenfreilauf

Bild 6
1 Einrückrelais
2 Gummibalg

Bild 7
1 Verschlusskappe
2 Ritzel
3 Mitnehmer mit Freilaufring
4 Rollengleitkurve
5 Zylinderrolle
6 Ritzelschaft
7 Feder
a Kupplungsrichtung

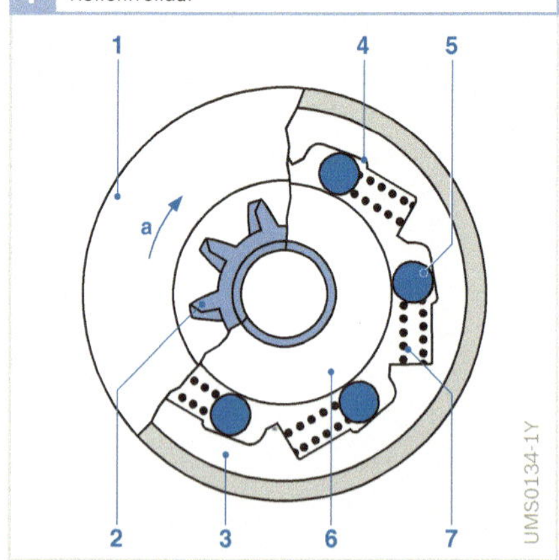

Überholdrehmoment ist relativ klein und hat keine große Auswirkung auf die sich einstellende Leerlaufdrehzahl des Startermotorankers.

Stirnzahnfreilauf

Der Stirnzahnfreilauf (Bild 8) ist in Verbindung mit dem mechanisch zweistufigen Einspurtrieb bei den Schubtrieb-Startern der Typen JE und KE eingebaut. Dieser Freilauf überträgt das Drehmoment formschlüssig über eine Stirnverzahnung.

Sobald der Überholvorgang einsetzt, treibt der Zahnkranz des Motors das Ritzel (1) an, das über eine Stirnverzahnung mit dem Kupplungsteil (4) gekuppelt ist. Bedingt durch die sägezahnförmige Stirnverzahnung wird das Kupplungsteil beim Überholen des Ritzels auf der Schrägverzahnung nach innen in Richtung Startermotor gedrückt. Die Trennung von Ritzel und Kupplungsteil wird durch drei Fliehgewichte (2) unterstützt, die über einen konischen Druckring (3) eine axiale Kraft auf das Kupplungsteil ausüben.

Lamellenfreilauf

Der Lamellenfreilauf findet bei größeren Schubtrieb-Startern (KB, QB, QF, TB, TF) Anwendung. Der Kraftschluss zwischen Anker und Starterritzel erfolgt über ein ringförmiges Lamellenpaket (Bild 9, Pos. 3). Die Lamellen stehen durch Mitnehmernocken wechselweise mit dem Mitnehmerflansch (1) und mit dem Kuppelteil (4) im Eingriff. Die einzelnen Lamellen sind in Achsrichtung verschiebbar angeordnet, können radial aber nicht gegen Mitnehmerflansch bzw. Kuppelteil verdreht werden. Der außenliegende Mitnehmerflansch ist fest mit der Ankerwelle verbunden. Das Kuppelteil hingegen sitzt schraubenförmig verdrehbar auf dem Steilgewinde (7) der Getriebespindel.

Kraftschluss

Voraussetzung dafür, dass der Lamellenfreilauf durch Reibung kraftschlüssig werden kann, ist eine gewisse Pressung zwischen den Lamellen (Bild 9a). In der Ruhestellung wird das Lamellenpaket (3) durch eine geringe Vorspannfederkraft einer Wellfeder (bei K-Startern; 8) bzw. von Bolzen und Federn (bei Q und T-Startern) so zusammengedrückt, dass die vorhandene Reibung die Mitnahme des Kuppelteils (4) sichert.

Hat das Ritzel nach dem Einspuren seine Endstellung erreicht, muss der volle Kraftschluss zum Starten wirksam werden. Das Kuppelteil rückt auf dem Steilgewinde der Getriebespindel (7) bei festgehaltenem Ritzel und umlaufender Ankerwelle nach

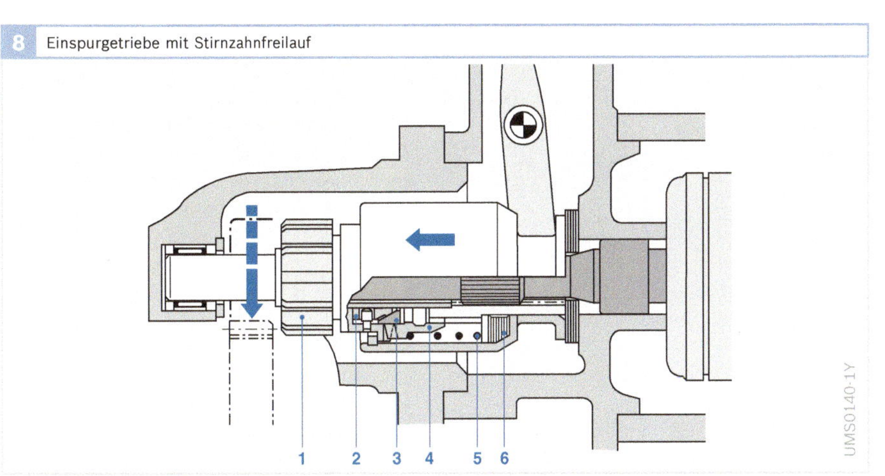

8 Einspurgetriebe mit Stirnzahnfreilauf

Bild 8
1 Ritzel mit Stirnverzahnung
2 Fliehgewichte
3 konischer Druckring
4 Kupplungsteil mit Stirnverzahnung
5 Feder
6 Gummipaket

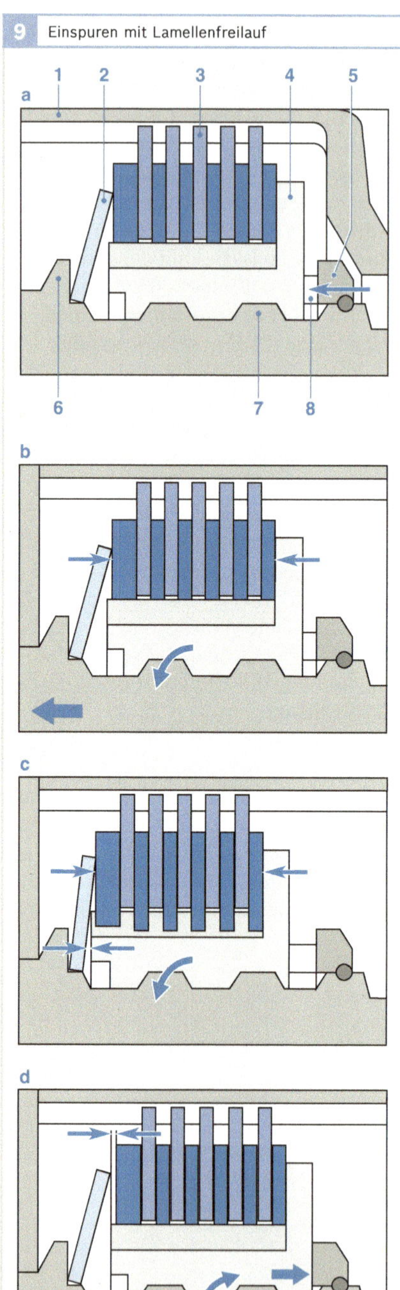

Bild 9
a   Ruhestellung
b   Kraftschluss
c   Drehmomentbe-
    grenzung
d   Überholen

1   Mitnehmerflansch
2   Tellerfeder
3   Lamellenpaket
4   Kuppelteil
5   Anschlagring
6   Anschlagbund der
    Getriebespindel
7   Steilgewinde der
    Getriebespindel
8   Wellfeder (oder
    Federn und Bolzen)

außen gegen die Tellerfeder. Dadurch steigt die Pressung zwischen den Lamellen weiter an. Der Anstieg der Pressung hält an, bis die Reibung zwischen den Lamellen zur Übertragung des jeweils erforderlichen Startdrehmoments ausreicht. Der Kraftschluss läuft dabei auf folgende Weise ab: Anker – Mitnehmerflansch – Außenlamellen – Innenlamellen – Kuppelteil – Getriebespindel – Ritzel (Bild 9b).

Drehmomentbegrenzung
Die durch die Schraubwirkung des Kuppelteils zunehmende Lamellenpressung und damit das übertragene Drehmoment werden dadurch begrenzt, dass das Kuppelteil bei Erreichen der zulässigen Höchstbelastung innen an der Tellerfeder anläuft. Es drückt dabei mit seiner Stirnfläche die Tellerfeder gegen den Anschlagbund (6) der Getriebespindel (Bild 9c). Damit lässt sich die Lamellenpressung nicht mehr weiter erhöhen. Der Lamellenfreilauf wirkt in diesem Fall als Überlastkupplung, da die Lamellen bei der eingestellten Maximalkraft und dem daraus resultierenden Maximaldrehmoment durchrutschen.

Aufhebung des Kraftschlusses (Überholen)
Bei Beschleunigung des Motorschwungrades durch Zündimpulse oder beim Anspringen des Motors überholt das Ritzel den Startermotor. Dieser Kraftrichtungswechsel bewirkt, dass das Kuppelteil auf dem Steilgewinde bis zum Anschlagring (5) in Richtung Anker geschraubt wird (Bild 9d). Die Tellerfeder entspannt sich dabei vollständig; sie kann keinen Druck mehr ausüben. Die Lamellen lösen sich aus der Pressung und der Kraftschluss ist aufgehoben.

Direkt- und Vorgelegestarter

Beim Direktstarter wird das Starterritzel mit Ankerdrehzahl angetrieben. Freilauf und Ritzel sitzen hier direkt auf der Ankerwelle des Startermotors. Um die beim Kaltstart erforderlichen hohen Drehmomente abgeben zu können, muss der

Motorteil bei dieser Ausführung relativ groß und daher schwer ausgeführt sein. Für Pkw-Anwendungen ist diese Ausführung daher nur noch bei Leistungsgrößen < 1 kW gebräuchlich, bei Nkw-Anwendungen sind alle jüngeren Startertypen der RE/HE(F)-Baureihe Vorgelegestarter.

Beim Vorgelegestarter wird durch den Einsatz eines Planetengetriebes das gleiche Drehmoment mit einem kleineren und dafür schneller drehenden Elektromotor erzielt. Damit lässt sich je nach Ausführung eine Gewichtsersparnis von 30…40 % erreichen.

Planetengetriebe haben generell den Vorteil einer sehr kompakten Bauform bei großen Übersetzungsverhältnissen. Mit günstiger Zahneingriffsgeometrie lassen sich hohe Drehmomente mit geringer Geräuschentwicklung übertragen. Nach außen hin sind diese Getriebe frei von Querkraft, sodass die Lagerungen von Ankerwelle und Antriebswelle auch bei hohen Leistungen nur mit geringen Kräften belastet werden.

Das in Startern verwendete Planetengetriebe (Bild 10) besitzt ein fest stehendes Hohlrad (3). Der Antrieb erfolgt über das Sonnenrad (2), das mit der Ankerwelle des Elektromotors verbunden ist. Die Planetenritzel (1) stehen sowohl mit dem Sonnenrad als auch mit dem Hohlrad in Eingriff. Bei ihrer Umlaufbewegung treiben die Planetenritzel über ihre Lagerzapfen die Antriebswelle an, auf der das Steilgewinde mit dem Freilauf angeordnet ist.

Das Übersetzungsverhältnis zwischen Anker- und Ritzeldrehzahl lässt sich entsprechend der Auslegung des Planetengetriebes in einem weiten Bereich von ca. 3:1 bis zu 6:1 variieren. Dies ermöglicht die optimale Anpassung des Starters an die Charakteristik von Motor und Fahrzeugbordnetz.

Niedrige Übersetzungsverhältnisse gestatten hohe Warmstartdrehzahlen, wogegen eine hohe Übersetzung auch extreme Kaltstartanforderungen und niedrigen Stromverbrauch des Starters beim Durchdrehen zulässt.

Der Vorgelegestarter bietet weitere Vorteile. So wirkt der schnell drehende Anker durch die hohe Übersetzung als Schwungmasse, die den Verbrennungsmotor mit drehzahl-glättender Wirkung über den oberen Totpunkt der Zylinder hinweg schleppt. Der Motor hat dadurch im Moment der Einspritzung bzw. Zündung eine höhere Momentan-Drehzahl, was den Einspritzverlauf und damit auch die Startwilligkeit und die Abgaswerte günstig beeinflusst.

Bei Verbrennungsmotoren mit niedriger Zylinderzahl bietet dieser Schwungradeffekt zudem den Vorteil, dass die hohen Spitzenmomente der einzelnen Zylinder mit verhältnismäßig geringer Startleistung sicher überwunden werden können.

Lagertyp

Die Lagerung des Ritzels kann auf zwei Arten erfolgen (Bild 11):
► Die meisten Starter haben ein Antriebslager, das im Bereich des Schwungrads des Motors ein „Maul" hat. Dieses Maul trägt die Lagernabe und hat im Bereich des Schwungrads eine Öffnung. Als Lagerelement dienen sowohl Gleit- als

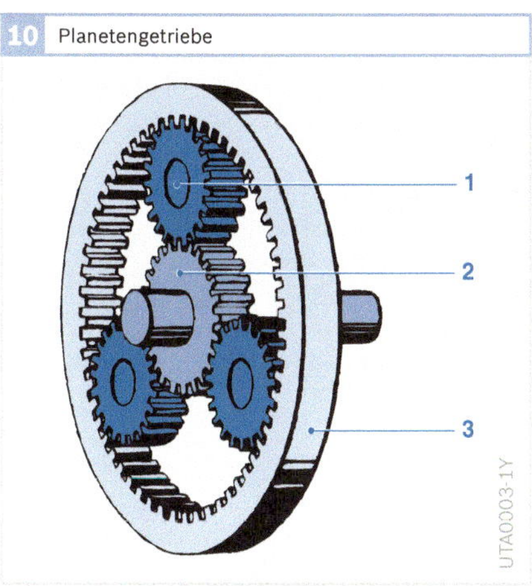

10 Planetengetriebe

auch Wälzlager (in manchen Fällen mit Dichtung). Das Einspurgetriebe (Ritzel und Freilauf) ist zum Zahnkranz hin offen.

▶ Für Anwendungen mit besonders hoher Beanspruchung des Einspurtriebes durch Staub, Wasser oder Kupplungsabrieb eignet sich vorzugsweise die freiausstoßende Bauform. Die ritzelseitigen Lagerstellen befinden sich komplett innerhalb des Antriebslagers. Wellendichtringe bieten einen so guten Schutz, dass sich diese Starter auch für ungünstigste Umgebungsverhältnisse eignen. Um die höheren Lagerlasten dieser Ausführung auch über die gesamte Lebensdauer verschleißfrei aufnehmen zu können, sind die ritzelseitigen Lagerstellen entsprechend verstärkt.

Frei ausstoßende Starter haben auch Einbauvorteile, weil sie keine dem Befestigungsflansch zugeordnete „Maulöffnung" haben. Dadurch bieten sich für die Einbauposition mehr Möglichkeiten, und der Platzbedarf im Schwungradgehäuse ist geringer.

Folgende Merkmale verhindern jedoch den generellen Einsatz dieser Bauform:
▶ Die im Antriebslager auftretende Stützkraft und der wirksame Reibradius sind gegenüber dem Maulstarter etwa doppelt so hoch, was zusätzliche Reibungs- und damit Leistungsverluste verursacht (Abhilfe kann ggf. ein Wälzlager schaffen, das auch das Verschleiß- und Geräuschverhalten verbessert).
▶ Lagerung, Dichtung und das lange Starterritzel verursachen erhöhte Kosten.
▶ Die Baulänge des Starters ist konstruktionsbedingt vergrößert.
▶ Die Verzahnungsverhältnisse und damit das Geräuschverhalten sind tendenziell etwas ungünstiger.

Weitere Startertypen

Starter für Nkw mit elektrisch zweistufigem Einspursystem

Verschiedene Starter im höheren Leistungsbereich für Nkw (Typ HEF95-L, HEF109-M) sind mit einem elektrisch zweistufigen Einspursystem (Bild 12) ausgerüstet, das ein sicheres und den Zahnkranz schonendes Einspuren ermöglicht. Die erste Schaltstufe unterstützt mit einem sanft andrehenden Startermotor lediglich das Einspuren des Starterritzels, der Starter dreht den Verbrennungsmotor jedoch noch nicht durch. Erst in der zweiten Stufe wird der Hauptstromkreis geschlossen. Das zweistufige Einspuren wird durch ein Vorsteuerrelais und ein Einrückrelais

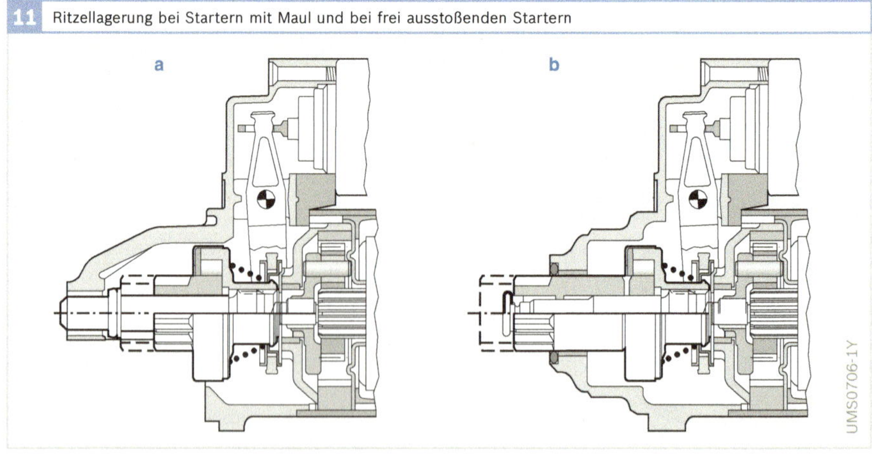

11 Ritzellagerung bei Startern mit Maul und bei frei ausstoßenden Startern

12　Elektrisch zweistufiges Einspursystem

realisiert. Die Einspurfeder ist im Einrückrelais integriert.

1. Schaltstufe (Vorstufe)

Das Spannungssignal vom Zündschloss oder von einem Steuergerät bewirkt zunächst das Schalten des Vorsteuerrelais, das den erforderlichen hohen Strom von ca. 180...200 A (bei 24 V-Startern) schalten kann.

Der Strom fließt durch einen Vorwiderstand bzw. durch eine Einzugs- und Haltewicklung. Zum einen wird dadurch über den Einrückhebel der Freilauf mit Ritzelwelle in Achsrichtung bewegt, zum anderen wird der Elektromotor sanft angedreht. Dadurch wird in der Regel ein vollständiges Einspuren des Ritzels in den Zahnkranz erreicht, bevor der Motor durch Schließen des Hauptstromkreises mit der vollen Stromstärke versorgt wird.

2. Schaltstufe (Hauptstufe)

Bei erfolgreichem Einspuren schaltet der Relaisanker den Strom durch den Vorwiderstand bzw. die Einzugswicklung kurz vor Erreichen des Endpunkts über seinen Öffnerkontakt ab. Einige Millisekunden danach wird der Hauptstrom eingeschaltet, und der Starter beginnt mit dem vollen Drehmoment zu drehen.

In einigen Fällen kann der Einspurvorgang wegen einer ungünstigen Lage von Ritzel zu Zahnkranz (Eck-auf-Eck) nicht erfolgen. Die Einspurfeder im Relaisanker sorgt in diesem Fall für das Einschalten des Hauptstroms vor dem vollständigen Einspuren des Ritzels in den Zahnkranz. Das Einspuren erfolgt dann einstufig.

Schubtrieb-Starter für Nkw mit elektromotorischer Ritzelverdrehung

Schubtrieb-Starter mit elektromotorischer Ritzelverdrehung (Typen KB, QB, QF, TB, TF; Bild 13) werden zum Starten von großen Verbrennungsmotoren verwendet. Sie arbeiten zur Schonung von Ritzel und Zahnkranz mit einem elektrisch zweistufigen Einspursystem.

1. Schaltstufe (Vorstufe)

In der 1. Stufe wird das Starterritzel in axialer Richtung vorgeschoben und gleichzeitig langsam verdreht, um ein sanftes Einspuren zu ermöglichen.

Mit Betätigen des Startschalters werden das Steuerrelais und die Haltewicklung des Einrückmagneten bestromt. Das Steuerrelais schließt dann sofort den Stromkreis der Einzugswicklung. Der einrückende Magnetanker schiebt über Einrückachse und Getriebespindel das Ritzel gegen den Zahnkranz des Motors.

Gleichzeitig wird die mit dem Starteranker zunächst in Reihe geschaltete Nebenschlusswicklung erregt. Sie wirkt zusammen mit der Einzugswicklung des Einrückmagneten als Vorwiderstand für die Starter-Ankerwicklung. Diese Schaltung begrenzt den Ankerstrom, sodass der Starteranker nur ein geringes Drehmoment entwickeln kann und nur langsam dreht.

Bei einer Zahn-auf-Zahn-Stellung von Ritzel und Zahnkranz wird das Ritzel in die nächste Zahnlücke des Zahnkranzes gedreht. Bei einer Eck-auf-Eck-Stellung („Blindschaltung": Ritzel lässt sich weder in den Zahnkranz einschieben noch vor dem Zahnkranz verdrehen) muss der Startvorgang abgebrochen und wiederholt werden.

2. Schaltstufe (Hauptstufe)

Unmittelbar vor dem Ende des Ritzeleinspurweges hebt ein Auslösehebel eine Sperrklinke an und gibt die Kontaktbrücke des Steuerrelais frei. Eine gespannte Feder kann dadurch die Kontaktbrücke schlagartig gegen die Kontakte drücken. Der Startermotor erhält jetzt den vollen Strom und dreht den Verbrennungsmotor über den Lamellenfreilauf mit dem vollen Drehmoment durch.

13 Elektromotorische Ritzelverdrehung

Ruhestellung
Starter stromlos

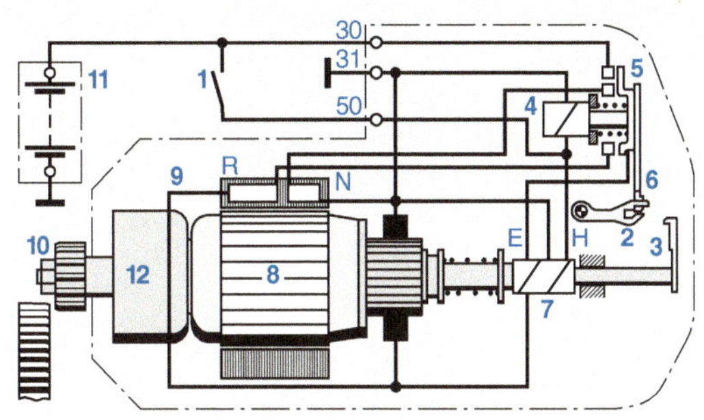

Zahn trifft auf Lücke
Starter eingeschaltet,
günstige Einspur-
stellung
(1. Schaltstufe)

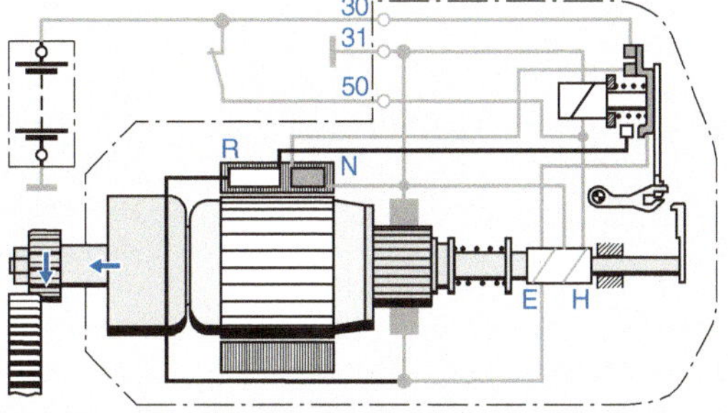

**Zahn trifft auf Zahn
oder Eck**
Starter eingeschaltet,
kein Einspuren mög-
lich (1. Schaltstufe).
Startversuch muss
wiederholt werden.

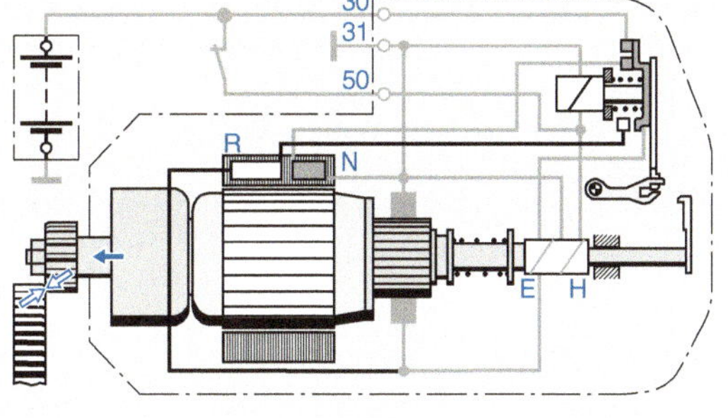

**Motor wird durchge-
dreht**
Endstellung
(2. Schaltstufe).
Starter hat volles
Drehmoment.

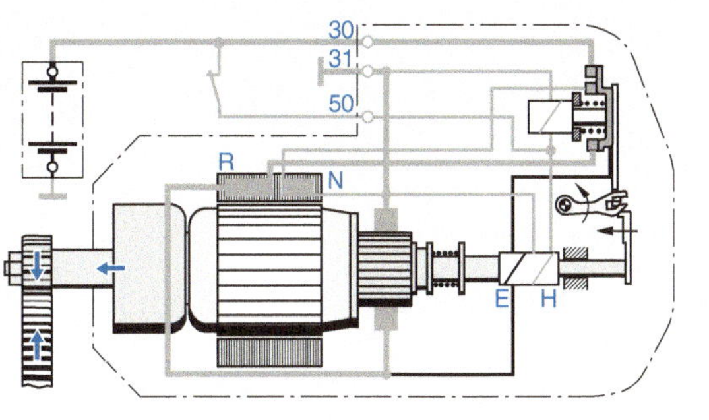

Bild 13
1 Zündstart- bzw.
  Fahrtschalter
2 Sperrklinke
3 Auslösehebel
4 Steuerrelais
5 Kontaktbrücke
6 Anschlag
7 Einrückmagnet
8 Anker
9 Erregerwicklung
10 Ritzel
11 Batterie
12 Lamellenfreilauf

E Einzugswicklung
H Haltewicklung
N Nebenschluss-
  wicklung
R Reihenschluss-
  wicklung

UMS0161-1Y

Schubtrieb-Starter für Nkw mit mechanischer Ritzelverdrehung
Schubtrieb-Starter mit mechanischer Ritzelverdrehung (Typen JE, KE) werden zum Starten von großen Verbrennungsmotoren verwendet. Sie arbeiten zur Schonung von Ritzel und Zahnkranz mechanisch zweistufig. Wichtiges Funktionselement dieser Starter ist der Stirnzahnfreilauf.

1. Einspurstufe

Mit Betätigen des Startschalters bewegt das Einrückrelais den Einrückhebel gegen die Rückstellfeder. Der Einrückhebel schiebt den Stirnzahnfreilauf über die Geradverzahnung geradlinig gegen den Zahnkranz. Gelangt dabei das Ritzel in eine Zahnlücke des Zahnkranzes, kann es den vollen Schubweg zurücklegen.

2. Einspurstufe

Stößt das Ritzel beim Vorschub auf einen Zahn des Zahnkranzes, so werden die weiteren Teile des Stirnzahnfreilaufs geradlinig in Richtung Zahnkranz weiter geschoben. Das Steilgewinde des stirnverzahnten Kupplungsteils bewirkt, dass das Ritzel in Arbeitsrichtung verdreht und gleichzeitig die Einspurfeder des Freilaufs gespannt wird. Der Ritzelzahn gleitet am Zahn des Zahnkranzes vorbei bis zur nächsten Lücke, in die das Ritzel unter dem Druck der gespannten Feder einspuren kann.

Bei einer Eck-auf-Eck-Stellung („Blindschaltung": Ritzelzahn lässt sich weder in den Zahnkranz einschieben noch vor dem Zahnkranz verdrehen) muss der Startvorgang abgebrochen und wiederholt werden. In diesem Fall verdreht sich, während der Stirnzahnfreilauf durch den Einrückhebel verschoben wird, der Starteranker über das Steilgewinde entgegen der Arbeitsrichtung (Ankerrückverdrehung). Beim nächsten Startversuch hat das Ritzel eine günstigere Stellung zum Zahnkranz und kann einspuren.

Stirnzahnfreilauf und Relais sind so aufeinander abgestimmt, dass der Relaiskontakt (Hauptstromkontakt) erst nach dem Einspuren schließt. Der Starter kann dann erst sein volles Drehmoment auf den Zahnkranz übertragen.

Startanlagen

Startanlagen für Pkw

Pkw-Startanlagen sind i. d. R. mit Schub-Schraubtrieb-Startern bis zu einer Nennleistung von ca. 2,5 kW ausgerüstet. Als Nennspannung hat sich allgemein 12 V durchgesetzt. Damit können Ottomotoren bis ca. 7 Liter und Dieselmotoren bis ca. 3 Liter Hubraum gestartet werden. Der Startleistungsbereich hängt vom Verbrennungsverfahren ab: Bei gleichem Motorhubraum benötigt ein Dieselmotor einen Starter mit höherer Leistung als ein Ottomotor.

Die Schaltung von Pkw-Startanlagen ist meist relativ einfach aufgebaut. Der Verbrennungsmotor befindet sich im Nahbereich des Fahrers, der dadurch den Startvorgang meist akustisch verfolgen kann. Nach erfolgtem Starten ist der Motorlauf hörbar, sodass ein nochmaliges, unbeabsichtigtes Einschalten des Starters und Einspuren des Starterritzels in den bereits umlaufenden Motorzahnkranz nicht wahrscheinlich ist. Deshalb sind normalerweise bei Pkw keine Schutz- und Überwachungsgeräte für den Startvorgang erforderlich. Bei vielen Pkw-Modellen ist ein Zündstartschalter mit zusätzlicher Startwiederholsperre eingebaut, um eine versehentliche Starterbetätigung auszuschließen.

Bei neueren hochwertigen Pkw ist inzwischen die automatische Ansteuerung (Ein-/Ausschalten) über eine Drehzahlerkennung Standard.

Startanlagen für Pkw mit Ottomotor

Über zumeist mehrstufige Zünd-Start-Schalter wird unter anderem die Startanlage angesteuert. Vor der Schaltstellung „Starten" wird schon die Zündanlage eingeschaltet, da ohne ihr Mitwirken das Starten und der Selbstlauf des Ottomotors nicht möglich sind. Der Zündvorgang setzt sich nach dem Abschalten des Starters fort und ermöglicht den Selbstlauf des Ottomotors.

Startanlagen für Pkw mit Dieselmotor

Bevor der Startvorgang beginnen kann, muss die Vorglühanlage eingeschaltet werden. Die Vorglühanlage besitzt einen kombinierten Fahrt-Glühstartschalter, der nach beendeter Glühzeit direkt zum Starten weitergeschaltet werden kann. Nach beendetem Startvorgang wird die Vorglühanlage des Dieselmotors gemeinsam mit dem Starter abgeschaltet.

Startanlagen für Nkw

Mittelschwere Nkw mit Dieselmotoren bis ca. 12 Liter Hubraum haben Startanlagen mit 12 V oder 24 V Nennspannung.

Bei schweren Nkw mit Dieselmotoren bis ca. 24 Liter Hubraum kommen nur noch 24-V-Startanlagen vor, die von zwei hintereinander geschalteten 12-V-Batterien gespeist werden.

Zum Teil werden auch gemischte 12/24-V-Anlagen mit 12 V Bordspannung und 24 V Starterspannung eingesetzt.

Startanlagen mit Startsperreinrichtung

Startanlagen, bei denen der Startvorgang akustisch nicht eindeutig wahrgenommen werden kann (z. B. bei Omnibussen mit Heckmotor), erfordern einen höheren Schaltungsaufwand, denn sie benötigen einen wirksamen Schutz für Starter und Zahnkranz des Motors.

Eine Startanlage mit elektronischem Starsperr-Relais (Bild 14) schützt die Startanlage in mehrfacher Hinsicht:
▸ Abschalten nach erfolgtem Start,
▸ Sperre bei bereits laufendem Motor,
▸ Sperre bei noch auslaufendem Motor,
▸ Sperre nach Fehlstart, wenn kein Motorselbstlauf zustande gekommen ist.

In den letzten beiden Fällen kann ein erneuter Startversuch erst nach einer im Relais festgelegten Sperrzeit unternommen werden. Diese Funktion wird heute immer öfter in das Motorsteuergerät integriert.

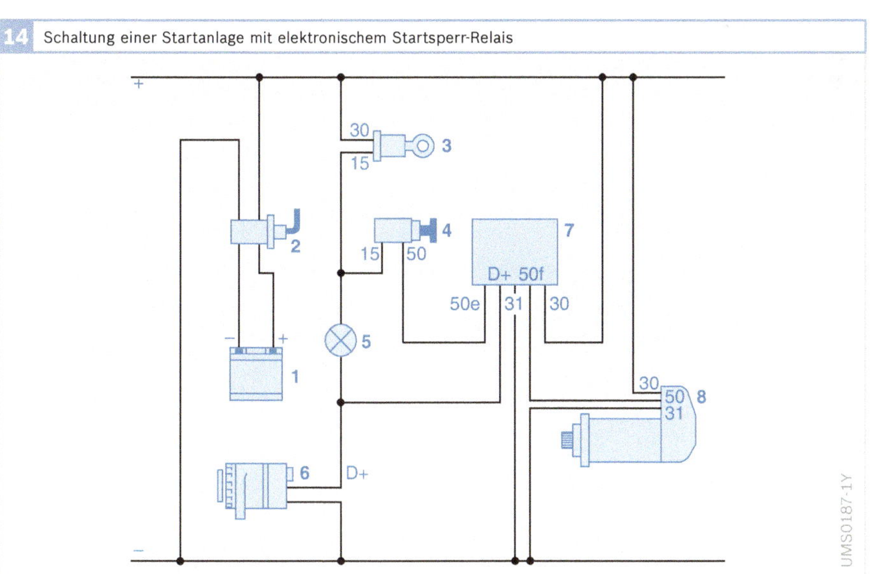

14 Schaltung einer Startanlage mit elektronischem Startsperr-Relais

Bild 14
1 Batterie
2 Batterieschalter
3 Fahrtschalter
4 Startschalter
5 Generatorkontrolllampe
6 Generator
7 elektronisches Startsperrrelais
8 Starter

Startanlage mit Batterieumschaltung 12/24 V

Verschiedene Nkw besitzen eine gemischte 12/24-V-Anlage. In diesen Anlagen sind sämtliche elektrischen Komponenten – mit Ausnahme des Starters – und der Generator zur Spannungserzeugung für die Nennspannung von 12 V ausgelegt. Im Gegensatz dazu wird der Starter mit einer Nennspannung von 24 V betrieben. Damit wird die Leistungsabgabe zum Starten großer Motoren möglich.

Zu diesem Zweck sind 12/24-V-Anlagen mit einem Batterieumschaltrelais ausgestattet. Die beiden 12-V-Batterien des Bordnetzes sind im normalen Fahrbetrieb oder bei stillstehendem Motor zur Versorgung der Verbraucher parallel geschaltet und sorgen damit für eine Spannung von 12 V.

Nach Betätigen des Startschalters schaltet das Batterieumschaltrelais automatisch die beiden Batterien für den Startvorgang vorübergehend hintereinander, sodass an den Starterklemmen eine Spannung von 24 V anliegt. Alle anderen elektrischen Komponenten werden weiterhin mit 12 V versorgt.

Nach Loslassen des Startschalters wird der Starter ausgeschaltet und die Batterien werden wieder parallel geschaltet. Während der Verbrennungsmotor in Betrieb ist, lädt der 12-V-Generator (Anschluss B+) die Batterien auf.

Sonderstartanlagen für Nkw

Sonderstartanlagen werden z. B. in großen Nkw (große Reisebusse mit Heckmotor, Sonderfahrzeuge mit Unterflurmotor usw.), Dieseltriebwagen, Schiffen und stationären Aggregatmotoren eingesetzt. Die verschiedenen Betriebsbedingungen erfordern oft umfangreiche Startanlagen mit speziell abgestimmten und in unterschiedlicher Weise miteinander kombinierten Schutz- und Überwachungsrelais. Diese Relais steuern den Startvorgang und ermöglichen auch den gleichzeitigen Anlauf bei Parallelbetrieb von zwei Startern. Bei vielen größeren elektrischen Anlagen von Nkw ist ein Batterie-Hauptschalter vorgeschrieben, mit dessen Hilfe das Bordnetz bei Motorstillstand von der Batterie getrennt werden kann.

Aus der Vielzahl der Sonderstartanlagen für verschiedene Anwendungen werden im Folgenden zwei wichtige Anlagen dargestellt.

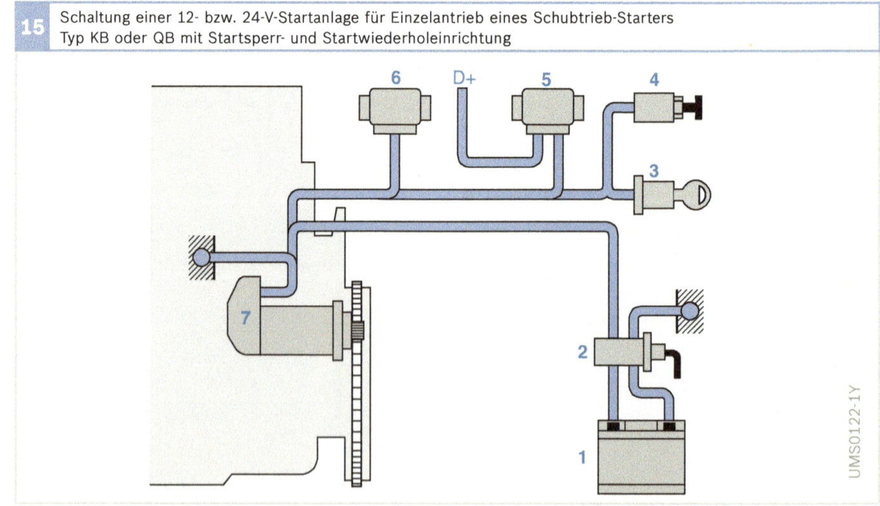

15 Schaltung einer 12- bzw. 24-V-Startanlage für Einzelantrieb eines Schubtrieb-Starters Typ KB oder QB mit Startsperr- und Startwiederholeinrichtung

Bild 15
1 Batterie
2 Batterieschalter
3 Fahrtschalter
4 Startschalter
5 Startsperrrelais
6 Startwiederholrelais
7 Starter
D+ Anschluss an Generator

Startanlage mit Startwiederholeinrichtung

In Startanlagen mit Fernbedienung oder indirekter Starterbetätigung (z. B. in stationären Anlagen, in Dieseltriebwagen und in einzelnen Fällen auch in Nkw mit Heckmotor) wird mitunter ein Startwiederholrelais eingesetzt - insbesondere dann, wenn nicht direkt festgestellt werden kann, ob ein Startversuch erfolgreich verlaufen ist.

Das Startwiederholrelais spricht bei erfolgreichem Einspuren des Starterritzels nicht an. Bei einen Fehler (Blindschaltung) unterbricht es jedoch den erfolglosen Startversuch, um eine thermische Überlastung des Starters zu verhindern. Es wiederholt den Startvorgang automatisch, bis das Starterritzel in den Zahnkranz einspurt und der Kontakt für den Starterstrom eingeschaltet ist.

Das ebenfalls in den Schaltkreis einbezogene Startsperrrelais schützt den Starter gegen irrtümliches Starten bei bereits oder noch laufendem Motor. Diese Schaltung wird ausschließlich für Schubtrieb-Starter mit elektrisch zweistufiger Einschaltweise angewandt.

Startanlage (12 V oder 24 V) mit Startdoppelrelais für Parallelbetrieb

Zum Starten sehr großer Verbrennungsmotoren wären im Einzelbetrieb sehr große Starter erforderlich. Aus Platzgründen ist es günstiger, anstelle eines großen Starters zwei kleinere Starter zu verwenden. Damit der Motor die erforderliche Startdrehzahl erreicht, müssen beide Starter gleichzeitig im Parallelbetrieb den Zahnkranz antreiben. Bei ausreichender Stromversorgung ergibt sich bei Parallelschaltung von zwei Startern etwa die doppelte Starterleistung des Einzelgerätes.

Bei Parallelstartanlagen mit niedriger Spannung (12 V oder 24 V) wird der Startanlage neben dem Startsperrrelais und dem Startwiederholrelais auch ein Startdoppelrelais zugeschaltet. Das Startdoppelrelais bewirkt, dass erst nach dem vollständigen Einspuren beider Starter der volle Starterstrom eingeschaltet wird. Dadurch entwickeln beide Starter gleichzeitig ihr volles Drehmoment und werden gleichmäßig belastet.

Starter für Parallelbetrieb besitzen dafür eine zusätzliche Anschlussklemme.

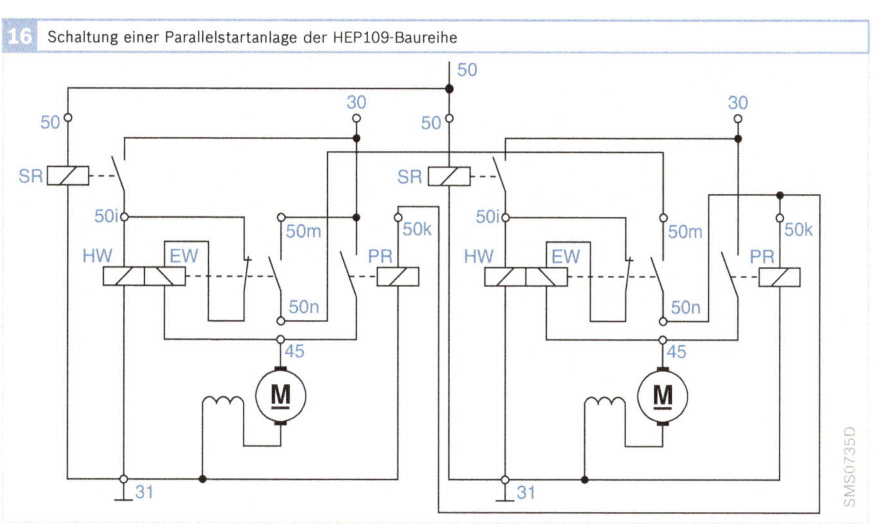

Bild 16
SR Startrelais
HW Haltewicklung
EW Einzugswicklung
PR Schaltrelais
    (Power Relay)
M Gleichstrommotor

Parallelstartanlage der HEP109-Baureihe
Für Verbrennungsmotoren mit einem
Startleistungsbedarf von ca. 10…25 kW
wurde eine Parallelstartanlage für 24-Volt-
Bordnetze entwickelt (Bild 16). Diese
hohen Leistungen sind beispielsweise in
Baumaschinen, großen Traktoren und
bei Stationärmotoren notwendig. Je nach
Umgebungstemperatur beim Kaltstart und
der Größe der hydraulischen Zusatzlasten
beim Motorstart kann die Anlage bereits
bei Motoren ab 9 *l* Hubraum erforderlich
sein. In der Standardapplikation bei einer
Kaltstarttemperatur von –20 °C ist sie für
Dieselmotoren bis 72 *l* Hubraum und Ottomotoren bis 144 *l* Hubraum ausgelegt.

Die Anlage basiert auf zwei oder drei miteinander gekoppelten Vorgelegestartern
der HEP109-Baureihe, deren freiausstoßende Bauweise die Beständigkeit gegen
Umwelteinflüsse erhöht.
  Bei den Startern der HEP109-Baureihe
treten Blindschaltungen konstruktionsbedingt nicht mehr auf. Daher entfällt der
zusätzliche Schaltungsaufwand für ein
Startwiederholrelais. Die Funktionalität
des Startdoppelrelais ist in den Aufbau der
einzelnen Parallelstarter integriert. Zudem
werden in einer Doppel- oder Dreifach-
anlage nur baugleiche Starter des Typs
HEP109 verwendet, da die entsprechende
Codierung über einen fünfpoligen System-
stecker als Option erfolgen kann.
  Durch die optimale Aufteilung der
mechanischen und elektrischen Last ergibt sich – im Vergleich einem einzelnen
Direktstarter – etwa die doppelte Lebensdauer.

Automatische Startsysteme

Die hohen Ansprüche an Fahrzeuge der
neuesten Generation hinsichtlich Kom-
fort, Sicherheit, Qualität und niedriger
Geräuschemission führen zu einer zunehmenden Verbreitung von automatischen
Startsystemen. Ein automatisches Startsystem unterscheidet sich von einem

konventionellen Startsystem durch zwei
zusätzliche Komponenten:
▶ ein Vorschaltrelais (Bild 17, Pos. 2),
▶ ein Steuergerät im Fahrzeug (z. B. ein
  Motorsteuergerät, Pos. 3), das für die
  Ablaufsteuerung des Starts sorgt.

Der Fahrer steuert nun nicht mehr direkt
den Relaisstrom des Starters, sondern mel-
det mit dem Drehen des Zündschlüssels
seinen Startwunsch dem Steuergerät, das
vor der Einleitung des Starts eine Prüfung
der Sicherheit durchführt. Dabei sind z. B.
folgende Prüfungen möglich:
▶ Ist der Fahrer berechtigt, das Fahrzeug
  zu starten? (Diebstahlschutz)
▶ Befindet sich der Motor in Ruhe? (In
  leisen Fahrzeugen oder auch Bussen
  kann der Fahrer das Motorgeräusch im
  Innenraum kaum wahrnehmen.)
▶ Genügt der Batterieladezustand in Abhängigkeit von der Motortemperatur für
  den Startvorgang?
▶ Ist beim Automatikgetriebe die Neu-
  tralstellung eingelegt bzw. beim Handschaltgetriebe die Kupplung geöffnet,
  bzw. kein Gang eingelegt?

Nach erfolgreicher Prüfung leitet das Steuergerät den Start ein. Hierdurch wird die
Wicklung des Vorschaltrelais bestromt.

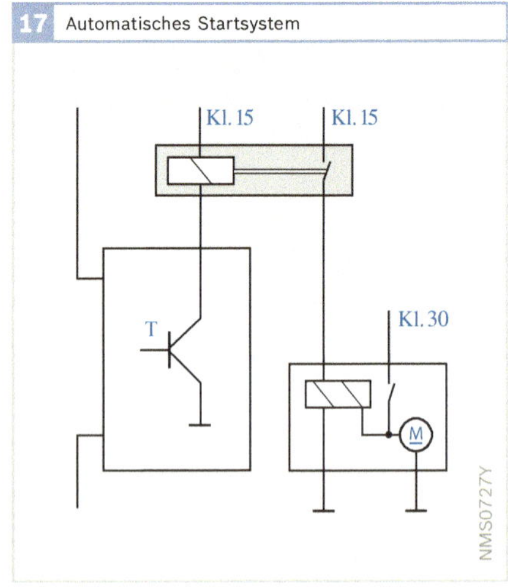

17 Automatisches Startsystem

Das Vorschaltrelais schließt die Verbindung zwischen Batterie (Klemme 30) und dem Starterrelais. Der Startvorgang läuft nun wie zuvor beschrieben ab.

Während des Starts wird die Motordrehzahl (die vom Steuergerät erfasst wird) mit einer Selbstlaufdrehzahl des Motors (die auch motortemperaturabhängig sein kann) verglichen. Hat der Motor die Selbstlaufdrehzahl erreicht, schaltet das Steuergerät den Starter ab. Hierdurch wird eine kurze Startzeit, eine Geräuschreduzierung und eine Schonung des Starters erreicht.

Auf dieser Basis lässt sich auch ein Start-Stopp-Betrieb realisieren. Dabei schaltet der Verbrennungsmotor bei Fahrzeugstillstand ab und startet bei Anforderung erneut automatisch. Vor allem im Stadtverkehr ist damit eine deutliche Kraftstoffeinsparung zu erzielen. Gegenwärtig erreichen Vorgelegestarter in diesem Betrieb in Verbindung mit einem hochwertigen Zahnkranz über 200 000 Starts.

Auslegung

Randbedingungen

Die wichtigsten Randbedingungen, die bei der Auslegung des Starters berücksichtigt werden müssen, sind:
- die Startgrenztemperatur, d. h. die tiefste Temperatur des Motors und der Batterie, bei der ein Start noch möglich sein muss,
- der Durchdrehwiderstand des Motors, d. h. das erforderliche Drehmoment an der Kurbelwelle einschließlich aller Zusatzlasten,
- die erforderliche Mindestdrehzahl des Motors bei Startgrenztemperatur,
- die Übersetzung zwischen Starter und Kurbelwelle,
- die Nennspannung der Startanlage,
- die Eigenschaften der Starterbatterie,
- der Widerstand der Zuleitungen zwischen Batterie und Starter sowie die Übergangswiderstände von Klemm-

stellen und Schaltelementen (Trennschalter usw.),
- die Drehzahl-/Drehmoment-Charakteristik des Starters,
- der maximal zulässige Spannungseinbruch im Bordnetz (die Funktionsfähigkeit der Motorelektronik muss gewährleistet sein).

Der Starter kann aufgrund dieser Randbedingungen nicht isoliert betrachtet werden. Als Bestandteil der Gesamtanlage aus Motor einschließlich seiner Zusatzaggregate, dem Bordnetz mit Batterie und Leitungsführung sowie dem Starter selbst muss dieser auf die anderen Komponenten abgestimmt werden.

Startgrenztemperatur

Die zu überwindenden Reibungswiderstände hängen stark von der Schmiermittelviskosität und damit von der Motortemperatur ab. Bei tiefen Temperaturen kann der Reibungswiderstand zwei bis drei mal so hoch sein wie bei betriebswarmem Motor. Mit fallender Temperatur steigt außerdem die Mindest-Startdrehzahl zum Erreichen der Selbstzündung beim Dieselmotor bzw. für eine ausreichende Gemischbildung beim Ottomotor an. Der Starter muss daher beim Kaltstart

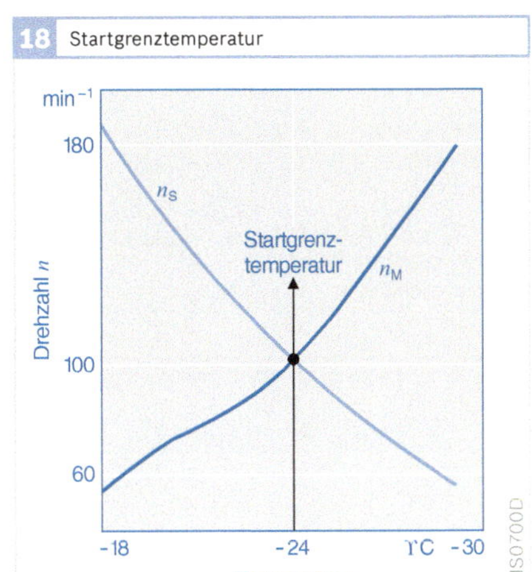

eine deutlich höhere Leistung erbringen als bei betriebswarmem Motor.

Andererseits stellt die Fahrzeugbatterie bei Kälte nur eine verringerte Spannung bzw. einen geringerer Strom zur Verfügung, da der Innenwiderstand der üblicherweise eingesetzten Blei-Akkumulatoren mit fallender Temperatur deutlich zunimmt. Damit fällt die Leistung der Startanlage mit der Temperatur ab.

Die steigenden Reibungswiderstände des Motors einerseits und die fallende Leistungsfähigkeit der Startanlage andererseits führen dazu, dass die erreichbare Drehzahl mit fallender Temperatur abnimmt und bei tiefen Temperaturen unter Umständen nicht zum Starten des Motors ausreicht. Deshalb kann ein Start nur oberhalb einer bestimmten Temperatur, der Start-Grenztemperatur, erfolgen (Bild 18).

In Europa werden Startanlagen im Allgemeinen für die in Tabelle 1 aufgeführten Startgrenztemperaturen ausgelegt, wobei die Werte die unterschiedlichen klimatischen Verhältnisse des jeweiligen Einsatzlandes berücksichtigen.

Durchdrehwiderstand

Der Durchdrehwiderstand, d. h. das zum Durchdrehen des Motors erforderliche Drehmoment, hängt in erster Linie vom Hubraum und von der Viskosität des Motorenöls (und damit von der Motortemperatur) ab. Auch Bauart und Zylinderzahl des Motors, Verhältnis von Hub zu Bohrung, Verdichtungsverhältnis, Masse der bewegten Triebwerksteile und deren Lagerung sowie zusätzliche Schlepplasten durch Kupplung, Getriebe und angebaute Aggregate haben Einfluss. Im Allgemeinen steigt der mittlere Durchdrehwiderstand bei Ottomotoren mit zunehmender Drehzahl an. Bei Dieselmotoren hingegen kann der Widerstand nach einem Maximum bei einer Motordrehzahl von 80...100 min^{-1} aufgrund der Rückgewinnung der verhältnismäßig hohen Kompressionsarbeit wieder abnehmen.

Mindest-Startdrehzahl

Die Mindest-Startdrehzahl variiert je nach Motortyp, bei Dieselmotoren haben auch Starthilfen einen Einfluss. Tabelle 2 zeigt Erfahrungswerte.

Kriterien

Aus dem Drehmomentbedarf bei der Startgrenztemperatur und der Mindeststartdrehzahl ergibt sich die erforderliche Starterleistung als erstes Kriterium zur Auswahl eines Startertyps.

Nennleistung

Die Nennleistung des Starters ist eine am Prüfstand ermittelte Kenngröße, die von den Randbedingungen des Startvorgangs abhängt. Die Angaben von Bosch beziehen sich dabei auf einen Kaltstart bei Einsatz der größten zulässigen Batterie, die bei einer Temperatur von −20 °C den Ladezustand „20 % entladen" aufweist. Der Zuleitungswiderstand der Starterhauptleitung beträgt 1 mΩ. Gemessen wird die Leistung am Motorzahnkranz.

1 Startgrenztemperaturen

Motoren für	Startgrenztemperatur
Pkw	−18 °C...−28 °C
Lkw, Busse	−15 °C...−32 °C
Schlepper	−12 °C...−15 °C
Antriebs- und Aggregat-Motoren bei Schiffen	−5 °C
Diesellokomotiven	+5 °C

Tabelle 1

2 Erfahrungswerte für die Mindeststartdrehzahl bei −20 °C

Motor	Drehzahl
Ottomotor	60 min^{-1}...100 min^{-1}
Dieselmotor mit direkter Einspritzung ohne Starthilfe	80 min^{-1}...200 min^{-1}
Dieselmotor mit direkter Einspritzung mit Starthilfe	60 min^{-1}...120 min^{-1}

Tabelle 2

Gebräuchlich sind auch Nennleistungsangaben, die sich auf deutlich andere Randbedingungen beziehen. Andere Messvorschriften und Normen sehen teilweise die Messung bei +20 °C und eine zentrische Momentenbeaufschlagung des Ritzels vor, sodass die Verluste am Motorzahnkranz unberücksichtigt bleiben. Schließlich sind auch die vorausgesetzten Batteriekennlinien unterschiedlich. Dadurch ergibt sich insgesamt ein uneinheitliches Bild heute gebräuchlicher Leistungsangaben für Starter.

Tatsächliche Leistung

Die tatsächliche Leistung einer Starteranlage hängt wesentlich vom Zuleitungs- und Batterie-Innenwiderstand ab. Je kleiner der Innenwiderstand der Batterie ist, desto größer ist ihre Leistung und damit auch die Starterleistung. Die Batterie muss so dimensioniert sein, dass sie bei der Startgrenztemperatur den erforderlichen Strom liefern kann und diesen auch bei ungünstigen Betriebsbedingungen ausreichend lange zur Verfügung stellt.

Die Auslegung von Batterie und Starter muss aufeinander abgestimmt sein. Starter werden für eine maximale und eine minimale Batteriegröße ausgelegt. Beim Betrieb an einer kleineren Batterie ist die tatsächliche Leistung der Startanlage geringer als die Nennleistung. Solange die Kaltstartanforderungen und die Funktionssicherheit der startrelevanten Baugruppen (Steuergeräte, Relais) erfüllt werden, ist dies technisch zulässig.

An einer größeren Batterie betrieben liegt die Leistung oberhalb des Nennwerts. Dies kann zu einer Überlastung der mechanischen Teile, zu erhöhtem Ver-

schleiß und zu thermischer Überlastung führen. Bei permanentmagneterregten Startern kann es zu einer Teilentmagnetisierung der Permanentmagnete und damit zu einem irreversiblen Drehmomentverlust kommen. Die vorgesehene Batteriegröße darf daher nicht überschritten werden.

Getriebeübersetzung

Die Wahl der richtigen Starterleistung (als zusammengesetzte Größe aus Drehmoment und Drehzahl) reicht zur Auslegung des Starters nicht aus. Vielmehr muss der Starter bezüglich Drehzahl und Drehmoment an den Bedarf des Motors angepasst werden. Dazu wird die Getriebeübersetzung vom Starterritzel zur Motorkurbelwelle als weitere Anpassungsgröße herangezogen. In Grenzen kann dies durch Wahl unterschiedlicher Zähnezahlen am Starterritzel geschehen. Wesentlich mehr Spielraum bieten jedoch Starter mit internem Vorgelege, die eine flexible Kennlinienanpassung ermöglichen.

Nennspannung

Die Nennspannung von Startanlagen ist in der Regel vorgegeben. Bei Personenkraftwagen sind dies gegenwärtig durchgängig 12 V, bei großen Nutzfahrzeugen in Europa 24 V. In USA sind auch Nutzfahrzeuge überwiegend mit 12-V-Bordnetzen ausgestattet. Bei Transportern, Bau- und Bodenbearbeitungsfahrzeugen sowie kleinen Aggregat- und Bootsmotoren sind sowohl 12 V als auch 24 V gebräuchlich. Stationäre Anlagen, Lokomotiven und Spezialfahrzeuge werden teilweise auch mit Sonderanlagen mit 36...110 V ausgerüstet.

Startertypen im Überblick

Startertypen
Die Bilder 19, 20 und 21 geben einen Überblick über die einzelnen Startertypen.

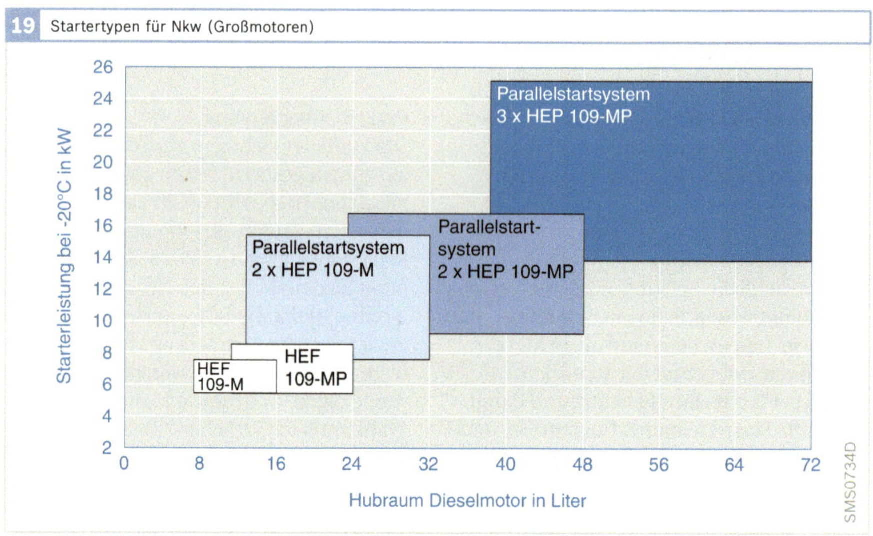

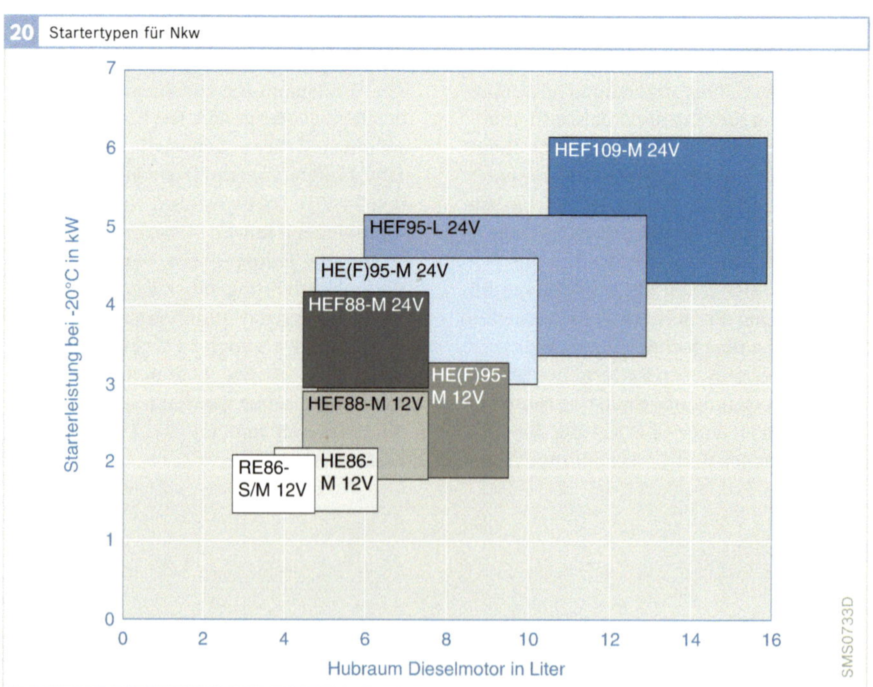

Systematik

Die Bezeichnung eines Starters gibt Auskunft über die Baureihe, das Erregersystem, den Lagertyp, den Polgehäusedurchmesser und die Anker-Eisenlänge. Starter von Bosch werden nach der in Bild 22 dargestellten Systematik bezeichnet.

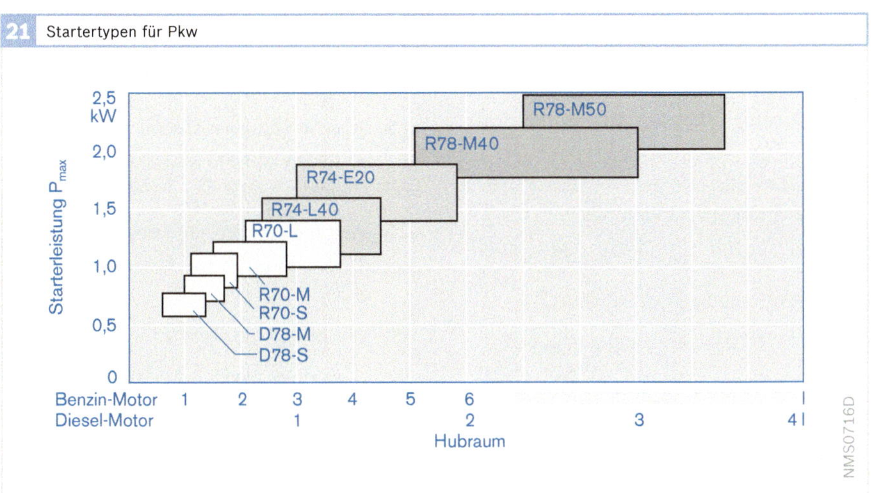

21 Startertypen für Pkw

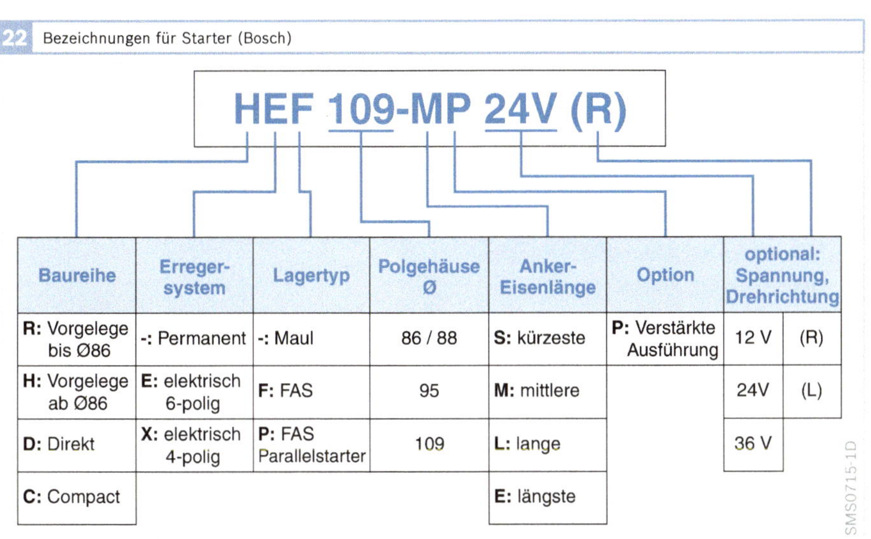

22 Bezeichnungen für Starter (Bosch)

Baureihe	Erreger-system	Lagertyp	Polgehäuse Ø	Anker-Eisenlänge	Option	optional: Spannung, Drehrichtung	
R: Vorgelege bis Ø86	**-:** Permanent	**-:** Maul	86 / 88	**S:** kürzeste	**P:** Verstärkte Ausführung	12 V	(R)
H: Vorgelege ab Ø86	**E:** elektrisch 6-polig	**F:** FAS	95	**M:** mittlere		24V	(L)
D: Direkt	**X:** elektrisch 4-polig	**P:** FAS Parallelstarter	109	**L:** lange		36 V	
C: Compact				**E:** längste			

Verständnisfragen

Die Verständnisfragen dienen dazu, den Wissensstand zu überprüfen. Die Antworten zu den Fragen finden sich in den Abschnitten, auf die sich die jeweilige Frage bezieht. Daher wird hier auf eine explizite „Musterlösung" verzichtet. Nach dem Durcharbeiten des vorliegenden Teils des Fachlehrgangs sollte man dazu in der Lage sein, alle Fragen zu beantworten. Sollte die Beantwortung der Fragen schwer fallen, so wird die Wiederholung der entsprechenden Abschnitte empfohlen.

1. Wie arbeitet ein Ottomotor?
2. Wie ist das Luftverhältnis definiert?
3. Wie erfolgt die Zylinderfüllung?
4. Wie wird die Luftfüllung gesteuert?
5. Wie wird die Füllung erfasst?
6. Welche Arten der Verbrennung gibt es? Wie sind sie charakterisiert?
7. Wie wird das Drehmoment und die Leistung berechnet?
8. Welche Bedeutung hat der spezifische Kraftstoffverbrauch?
9. Wie erfolgt die Kraftstoffförderung bei der Saugrohreinspritzung? Welche verschiedenen Systeme dafür gibt es und wie funktionieren sie?
10. Wie erfolgt die Kraftstoffförderung bei der Benzin-Direkteinspritzung?
11. Welche Ottokraftstoffe gibt es? Durch welche Eigenschaften werden diese charakterisiert?
12. Welche gasförmigen Kraftstoffe gibt es?
13. Was ist eine elektrische Drosselvorrichtung? Wie funktioniert sie?
14. Welche Möglichkeiten zur dynamischen Aufladung gibt es? Wie funktionieren sie?
15. Welche Möglichkeiten zur Aufladung gibt es? Wie funktionieren die entsprechenden Aufladegeräte?
16. Wie wird die Ladungsbewegung gesteuert?
17. Wie erfolgt die Abgasrückführung?
18. Wie funktioniert eine Saugrohreinspritzung?
19. Welche Phasen während eines Startvorgangs gibt es? Wodurch sind diese charakterisiert?
20. Welche Möglichkeiten der Einspritzlage gibt es und wodurch sind sie charakterisiert?
21. Wie erfolgt die Gemischbildung?
22. Wie erfolgt die Benzin-Direkteinspritzung? Welche Brennverfahren und Betriebsarten gibt es? Wie sind diese charakterisiert?
23. Welche Arten der Zündung im Ottomotor gibt es? Wodurch sind diese charakterisiert?
24. Wie ist eine induktive Zündanlage aufgebaut und wie funktioniert sie?
25. Wie ist eine Startanlage aufgebaut und wie funktioniert sie?
26. Welche Startertypen gibt es und wie funktionieren sie?
27. Welche Unterschiede gibt es bei Startanlagen zwischen Pkw und Nutzfahrzeugen?

Abkürzungsverzeichnis

A

ABB	Air System Brake Booster, Bremskraftverstärkersteuerung
ABC	Air System Boost Control, Ladedrucksteuerung
ABS	Antiblockiersystem
AC	Accessory Control, Nebenaggregatesteuerung
ACA	Accessory Control Air Condition, Klimasteuerung
ACC	Adaptive Cruise Control, Adaptive Fahrgeschwindigkeitsregelung
ACE	Accessory Control Electrical Machines, Steuerung elektrische Aggregate
ACF	Accessory Control Fan Control, Lüftersteuerung
ACS	Accessory Control Steering, Ansteuerung Lenkhilfepumpe
ACT	Accessory Control Thermal Management, Thermomanagement
ADC	Air System Determination of Charge, Luftfüllungsberechnung
ADC	Analog Digital Converter, Analog-Digital-Wandler
AEC	Air System Exhaust Gas Recirculation, Abgasrückführungssteuerung
AGR	Abgasrückführung
AIC	Air System Intake Manifold Control, Saugrohrsteuerung
AKB	Aktivkohlebehälter
AKF	Aktivkohlefalle (activated carbon canister)
AKF	Aktivkohlefilter
A_K	Lichte Kolbenfläche
α	Drosselklappenwinkel
Al_2O_3	Aluminiumoxid
AMR	Anisotrop Magneto Resistive
AÖ	Auslassventil Öffnen
APE	Äußere-Pumpen-Elektrode
AS	Air System, Luftsystem
AS	Auslassventil Schließen
ASAM	Association of Standardization of Automation and Measuring, Verein zur Förderung der internationalen Standardisierung von Automatisierungs- und Messsystemen
ASIC	Application Specific Integrated Circuit, anwendungsspezifische integrierte Schaltung
ASR	Antriebsschlupfregelung
ASV	Application Supervisor, Anwendungssupervisor
ASW	Application Software, Anwendungssoftware
ATC	Air System Throttle Control, Drosselklappensteuerung
ATL	Abgasturbolader
AUTOSAR	Automotive Open System Architecture, Entwicklungspartnerschaft zur Standardisierung der Software Architektur im Fahrzeug
AVC	Air System Valve Control, Ventilsteuerung

B

BDE	Benzin Direkteinspritzung
b_e	spezifischer Kraftstoffverbrauch
BMD	Bag Mini Diluter
BSW	Basic Software, Basissoftware

C

C/H	Verhältnis Kohlenstoff zu Wasserstoff im Molekül
C_2	Sekundärkapazität

C_6H_{14}	Hexan
CAFE	Corporate Average Fuel Economy
CAN	Controller Area Network
CARB	California Air Resources Board
CCP	CAN Calibration Protocol, CAN-Kalibrierprotokoll
CDrv	Complex Driver, Treibersoftware mit exklusivem Hardware Zugriff
CE	Coordination Engine, Koordination Motorbetriebszustände und -arten
CEM	Coordination Engine Operation, Koordination Motorbetriebsarten
CES	Coordination Engine States, Koordination Motorbetriebszustände
CFD	Computational Fluid Dynamics
CFV	Critical Flow Venturi
CH_4	Methan
CIFI	Zylinderindividuelle Einspritzung, Cylinder Individual Fuel Injection
CLD	Chemilumineszenz-Detektor
CNG	Compressed Natural Gas, Erdgas
CO	Communication, Kommunikation
CO	Kohlenmonoxid
CO_2	Kohlendioxid
COP	Coil On Plug
COS	Communication Security Access, Kommunikation Wegfahrsperre
COU	Communication User Interface, Kommunikationsschnittstelle
COV	Communication Vehicle Interface, Datenbuskommunikation
cov	Variationskoeffizient
CPC	Condensation Particulate Counter
CPU	Central Processing Unit, Zentraleinheit

CTL	Coal to Liquid
CVS	Constant Volume Sampling
CVT	Continuously Variable Transmission

D

DB	Diffusionsbarriere
DC	direct current, Gleichstrom
DE	Device Encapsulation, Treibersoftware für Sensoren und Aktoren
DFV	Dampf-Flüssigkeits-Verhältnis
DI	Direct Injection, Direkteinspritzung
DMS	Differential Mobility Spectrometer
DoE	Design of Experiments, statistische Versuchsplanung
DR	Druckregler
3D	dreidimensional
DS	Diagnostic System, Diagnosesystem
DSM	Diagnostic System Manager, Diagnosesystemmanager
DV, E	Drosselvorrichtung, elektrisch

E

E0	Benzin ohne Ethanol-Beimischung
E10	Benzin mit bis zu 10 % Ethanol-Beimischung
E100	reines Ethanol mit ca. 93 % Ethanol und 7 % Wasser
E24	Benzin mit ca. 24 % Ethanol-Beimischung
E5	Benzin mit bis zu 5 % Ethanol-Beimischung
E85	Benzin mit bis zu 85 % Ethanol-Beimischung
EA	Elektrodenabstand
EAF	Exhaust System Air Fuel Control, λ-Regelung
ECE	Economic Commission for Europe

ECT	Exhaust System Control of Temperature, Abgastemperaturregelung
ECU	Electronic Control Unit, elektronisches Steuergerät
ECU	Electronic Control Unit, Motorsteuergerät
eCVT	electrical Continuously Variable Transmission
EDM	Exhaust System Description and Modeling, Beschreibung und Modellierung Abgassystem
EEPROM	Electrically Erasable Programmable Read Only Memory, löschbarer programmierbarer Nur-Lese-Speicher
E_F	Funkenenergie
EFU	Einschaltfunkenunterdrückung
EGAS	Elektronisches Gaspedal
1D	eindimensional
EKP	Elektrische Kraftstoffpumpe
ELPI	Electrical Low Pressure Impactor
EMV	Elektromagnetische Verträglichkeit
ENM	Exhaust System NO_x Main Catalyst, Regelung NO_x-Speicherkatalysator
EÖ	Einlassventil Öffnen
EOBD	European On Board Diagnosis – Europäische On-Board-Diagnose
EOL	End of Line, Bandende
EPA	US Environmental Protection Agency
EPC	Electronic Pump Controller, Pumpensteuergerät
EPROM	Erasable Programmable Read Only Memory, löschbarer und programmierbarer Festwertspeicher
ε	Verdichtungsverhältnis
ES	Exhaust System, Abgassystem
ES	Einlass Schließen
ESP	Elektronisches Stabilitäts-Programm
η_{th}	Thermischer Wirkungsgrad
ETBE	Ethyltertiärbutylether
ETF	Exhaust System Three Way Front Catalyst, Regelung Drei-Wege-Vorkatalysator
ETK	Emulator Tastkopf
ETM	Exhaust System Main Catalyst, Regelung Drei-Wege-Hauptkatalysator
EU	Europäische Union
(E)UDC	(extra) Urban Driving Cycle
EV	Einspritzventil
Exy	Ethanolhaltiger Ottokraftstoff mit xy % Ethanol
EZ	Elektronische Zündung

F

FEL	Fuel System Evaporative Leak Detection, Tankleckerkennung
FEM	Finite Elemente Methode
FF	Flexfuel
FFC	Fuel System Feed Forward Control, Kraftstoff-Vorsteuerung
FFV	Flexible Fuel Vehicles
FGR	Fahrgeschwindigkeitsregelung
FID	Flammenionisations-Detektor
FIT	Fuel System Injection Timing, Einspritzausgabe
FLO	Fast-Light-Off
FMA	Fuel System Mixture Adaptation, Gemischadaption
FPC	Fuel Purge Control, Tankentlüftung
FS	Fuel System, Kraftstoffsystem
FSS	Fuel Supply System, Kraftstoffversorgungssystem
FT	Resultierende Kraft
FTIR	Fourier-Transform-Infrarot
FTP	Federal Test Procedure
FTP	US Federal Test Procedure
F_z	Kolbenkraft des Zylinders

G

GC	Gaschromatographie
g/kWh	Gramm pro Kilowattstunde
°KW	Grad Kurbelwelle

H

H_2O	Wasser, Wasserdampf
HC	Hydrocarbons, Kohlenwasserstoffe
HCCI	Homogeneous Charge Compression Ignition
HD	Hochdruck
HDEV	Hochdruck Einspritzventil
HDP	Hochdruckpumpe
HEV	Hybrid Electric Vehicle
HFM	Heißfilm-Luftmassenmesser
HIL	Hardware in the Loop, Hardware-Simulator
HLM	Hitzdraht-Luftmassenmesser
H_o	spezifischer Brennwert
H_u	spezifischer Heizwert
HV	high voltage
HVO	Hydro-treated-vegetable oil
HWE	Hardware Encapsulation, Hardware Kapselung

I

i_1	Primärstrom
IC	Integrated Circuit, integrierter Schaltkreis
i_F	Funken(anfangs)strom
IGC	Ignition Control, Zündungssteuerung
IKC	Ignition Knock Control, Klopfregelung
i_N	Nennstrom
IPE	Innere Pumpen Elektrode
IR	Infrarot
IS	Ignition System, Zündsystem
ISO	International Organisation for Standardization, Internationale Organisation für Normung
IUMPR	In Use Monitor Performance Ratio, Diagnosequote im Fahrzeugbetrieb
IUPR	In Use Performance Ratio

IZP	Innenzahnradpumpe

J

JC08	Japan Cycle 2008

K

κ	Polytropenexponent
Kfz	Kraftfahrzeug
kW	Kilowatt

L

λ	Luftzahl oder Luftverhältnis
L_1	Primärinduktivität
L_2	Sekundärinduktivität
LDT	Light Duty Truck, leichtes Nfz
LDV	Light Duty Vehicle, Pkw
LEV	Low Emission Vehicle
LIN	Local Interconnect Network
l_l	Schubstangenverhältnis (Verhältnis von Kurbelradius r zu Pleuellänge l)
LPG	Liquified Petroleum Gas, Flüssiggas
LPV	Low Price Vehicle
LSF	λ-Sonde flach
LSH	λ-Sonde mit Heizung
LSU	Breitband-λ-Sonde
LV	Low Voltage

M

(M)NEFZ	(modifizierter) Neuer Europäischer Fahrzyklus
M100	Reines Methanol
M15	Benzin mit Methanolgehalt von max. 15 %
MCAL	Microcontroller Abstraction Layer
M_d	Das effektive Drehmoment an der Kurbelwelle
ME	Motronic mit integriertem EGAS
Mi	Innerer Drehmoment
Mk	Kupplungsmoment
m_K	Kraftstoffmasse

m_L	Luftmasse
MMT	Methylcyclopentadienyl-Mangan-Tricarbonyl
MO	Monitoring, Überwachung
MOC	Microcontroller Monitoring, Rechnerüberwachung
MOF	Function Monitoring, Funktionsüberwachung
MOM	Monitoring Module, Überwachungsmodul
MOSFET	Metal Oxide Semiconductor Field Effect Transistor, Metall-Oxid-Halbleiter, Feldeffekttransistor
MOX	Extended Monitoring, Erweiterte Funktionsüberwachung
MOZ	Motor-Oktanzahl
MPI	Multiple Point Injection
MRAM	Magnetic Random Access Memory, magnetischer Schreib-Lese-Speicher mit wahlfreiem Zugriff
MSV	Mengensteuerventil
MTBE	Methyltertiärbutylether

N

n	Motordrehzahl
N_2	Stickstoff
N_2O	Lachgas
ND	Niederdruck
NDIR	Nicht-dispersives Infrarot
NE	Nernst-Elektrode
NEFZ	Neuer europäischer Fahrzyklus
Nfz	Nutzfahrzeug
NGI	Natural Gas Injector
NHTSA	US National Transport and Highway Safety Administration
NMHC	Kohlenwasserstoffe außer Methan
NMOG	Nonmethane Organic Gas, Kohlenwasserstoffe außer Methan
NO	Stickstoffmonoxid
NO_2	Stickstoffdioxid

NOCE	NO_x-Gegenelektrode
NOE	NO_x-Pumpelektrode
NO_x	Sammelbegriff für Stickoxide
NSC	NO_x Storage Catalyst
NTC	Temperatursensor mit negativem Temperaturkoeffizient
NYCC	New York City Cycle
NZ	Nernstzelle

O

OBD	On-Board-Diagnose
OBV	Operating Data Battery Voltage, Batteriespannungserfassung
OD	Operating Data, Betriebsdaten
OEP	Operating Data Engine Position Management, Erfassung Drehzahl und Winkel
OMI	Misfire Detection, Aussetzererkennung
ORVR	On Board Refueling Vapor Recovery
OS	Operating System, Betriebssystem
OSC	Oxygen Storage Capacity
OT	oberer Totpunkt des Kolbens
OTM	Operating Data Temperature Measurement, Temperaturerfassung
OVS	Operating Data Vehicle Speed Control, Fahrgeschwindigkeitserfassung

P

p	Die effektiv vom Motor abgegebene Leistung
p-V-Diagramm	Druck-Volumen-Diagramm, auch Arbeitsdiagramm
PC	Passenger Car, Pkw
PC	Personal Computer
PCM	Phase Change Memory, Phasenwechselspeicher
PDP	Positive Displacement Pump
PFI	Port Fuel Injection
Pkw	Personenkraftwagen

PM	Partikelmasse
PMD	Paramagnetischer Detektor
p_{me}	Effektiver Mitteldruck
p_{mi}	mittlerer indizierter Druck
PN	Partikelanzahl (Particle Number)
PP	Peripheralpumpe
ppm	parts per million, Teile pro Million
PRV	Pressure Relief Valve
PSI	Peripheral Sensor Interface, Schnittstelle zu peripheren Sensoren
Pt	Platin
PWM	Puls-Weiten-Modulation
PZ	Pumpzelle
P_Z	Leistung am Zylinder

R

r	Hebelarm (Kurbelradius)
R_1	Primärwiderstand
R_2	Sekundärwiderstand
RAM	Random Access Memory, Schreib-Lese-Speicher mit wahlfreiem Zugriff
RDE	Real Driving Emission
RE	Referenz Electrode
RLFS	Returnless Fuel System
ROM	Read Only Memory, Nur-Lese-Speicher
ROZ	Research-Oktanzahl
RTE	Runtime Environment, Laufzeitumgebung
RZP	Rollenzellenpumpe

S

s	Hubfunktion
σ	Standardabweichung
SC	System Control, Systemsteuerung
SCR	selektive katalytische Reduktion
SCU	Sensor Control Unit
SD	System Documentation, Systembeschreibung

SDE	System Documentation Engine Vehicle ECU, Systemdokumentation Motor, Fahrzeug, Motorsteuerung
SDL	System Documentation Libraries, Systemdokumentation Funktionsbibliotheken
SEFI	Sequential Fuel Injection, Sequentielle Kraftstoffeinspritzung
SENT	Single Edge Nibble Transmission, digitale Schnittstelle für die Kommunikation von Sensoren und Steuergeräten
SFTP	US Supplemental Federal Test Procedures
SHED	Sealed Housing for Evaporative Emissions Determination
SMD	Surface Mounted Device, oberflächenmontiertes Bauelement
SMPS	Scanning Mobility Particle Sizer
SO_2	Schwefeldioxid
SO_3	Schwefeltrioxid
SRE	Saugrohreinspritzung
SULEV	Super Ultra Low Emission Vehicle
SWC	Software Component, Software Komponente
SYC	System Control ECU, Systemsteuerung Motorsteuerung
SZ	Spulenzündung

T

TCD	Torque Coordination, Momentenkoordination
TCV	Torque Conversion, Momentenumsetzung
TD	Torque Demand, Momentenanforderung
TDA	Torque Demand Auxiliary Functions, Momentenanforderung Zusatzfunktionen
TDC	Torque Demand Cruise Con-

	trol, Fahrgeschwindigkeitsregler	V_c	Kompressionsvolumen
TDD	Torque Demand Driver, Fahrerwunschmoment	VFB	Virtual Function Bus, Virtuelles Funktionsbussystem
TDI	Torque Demand Idle Speed Control, Leerlaufdrehzahlregelung	V_h	Hubvolumen
		VLI	Vapour Lock Index
		VST	Variable Schieberturbine
TDS	Torque Demand Signal Conditioning, Momentenanforderung Signalaufbereitung	VT	Ventiltrieb
		VTG	Variable Turbinengeometrie
		VZ	Vollelektronische Zündung
TE	Tankentlüftung		
TEV	Tankentlüftungsventil		

W

t_F	Funkendauer	W_F	Funkenenergie
THG	Treibhausgase, u. a. CO_2, CH_4, N_2O	WLTC	Worldwide Harmonized Light Vehicles Test Cycle
t_i	Einspritzzeit	WLTP	Worldwide Harmonized Light Vehicles Test Procedure
TIM	Twist Intensive Mounting		
TMO	Torque Modeling, Motordrehmoment-Modell		

X

TPO	True Power On	XCP	Universal Measurement and Calibration Protocol – universelles Mess- und Kalibrierprotokoll
TS	Torque Structure, Drehmomentstruktur		
t_s	Schließzeit		
TSP	Thermal Shock Protection		

Z

TSZ	Transistorzündung	ZEV	Zero Emission Vehicle
TSZ, h	Transistorzündung mit Hallgeber	ZOT	Oberer Totpunkt, an dem die Zündung erfolgt
TSZ, i	Transistorzündung mit Induktionsgeber	ZrO_2	Zirconiumoxid
TSZ, k	kontaktgesteuerte Transistorzündung	ZZP	Zündzeitpunkt

U

U/min	Umdrehungen pro Minute
U_F	Brennspannung
ULEV	Ultra Low Emission Vehicle
UN ECE	Vereinte Nationen Economic Commission for Europe
U_P	Pumpspannung
UT	Unterer Totpunkt
UV	Ultraviolett
U_Z	Zündspannung

V